U0229424

水利水电工程施工新技术应用研究

杜国强　曹　锐　张　娟　著

哈尔滨出版社
HARBIN PUBLISHING HOUSE

图书在版编目（CIP）数据

水利水电工程施工新技术应用研究 / 杜国强, 曹锐, 张娟著. -- 哈尔滨 : 哈尔滨出版社, 2025.1. -- ISBN 978-7-5484-7973-4

Ⅰ. TV5

中国国家版本馆CIP数据核字第2024F1L590号

书　　名：**水利水电工程施工新技术应用研究**
SHUILI SHUIDIAN GONGCHENG SHIGONG XINJISHU YINGYONG YANJIU

作　　者：杜国强　曹　锐　张　娟　著
责任编辑：韩金华
封面设计：蓝博设计

出版发行：哈尔滨出版社（Harbin Publishing House）
社　　址：哈尔滨市香坊区泰山路82-9号　　邮编：150090
经　　销：全国新华书店
印　　刷：永清县晔盛亚胶印有限公司
网　　址：www.hrbcbs.com
E-mail：hrbcbs@yeah.net
编辑版权热线：（0451）87900271　87900272
销售热线：（0451）87900201　87900203

开　　本：710mm×1000mm　1/16　印张：12　字数：220千字
版　　次：2025年1月第1版
印　　次：2025年1月第1次印刷
书　　号：ISBN 978-7-5484-7973-4
定　　价：68.00元

凡购本社图书发现印装错误，请与本社印制部联系调换。
服务热线：（0451）87900279

　　水利水电工程一直以来都是国家基础设施建设的支柱之一，其在经济、社会和环境方面的作用凸显。为了适应社会经济的快速和可持续发展需求，水利水电工程建设正朝着智能化、数字化和可持续性方向迅猛发展。新时代对工程建设提出了更高的要求，我们要采用创新的技术手段来提高工程效能、减少资源浪费，并确保工程的安全性和可持续性。

　　本书旨在探讨和系统总结水利水电工程施工领域的新技术应用，从而引领工程领域走向创新与变革。我们的研究聚焦于当下数字化、自动化和智能化的趋势，将深入探讨这些技术如何在实际工程中发挥作用，为工程师、研究者和决策者提供有力的理论和实践支持。

　　工程技术的迅猛发展不仅改变了工程建设的方式，更深刻地影响了我们对工程的认知。建筑信息模型（BIM）在水利水电工程中的应用，无人机技术在工程监测中的作用，以及人工智能在工程管理中的潜力，都是工程领域正在发生的革命性变化。这些技术的广泛应用不仅提高了工程的效率，同时带来了全新的挑战和机遇。

　　在新的时代背景下，水利水电工程不仅需要应对日益复杂的技术和管理问题，还要迎接全球气候变化和可持续发展的挑战。本书将探讨如何在工程建设中实现节能减排、绿色环保，以及应对自然灾害等不确定因素的挑战。我们将深入研究可持续建筑材料的应用、水能源效率改进，以及环境影响评估与生态保护等方面的新技术与新方法。

　　本书不仅是对水利水电工程施工新技术的研究，更能为工程领域相关专业人士提供实践指南。通过深度剖析新技术在实际工程中的应用，我们旨在为工程实践提供创新思路、科学指导，并为政策制定者提供合理依据。

　　最后，感谢所有为这项研究作出贡献的专业人士和同人。期待通过这次研究，能够为推动水利水电工程领域的可持续发展，为建设更为智能、高效的未来工程贡献一份力量。

目 录

Contents

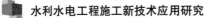 水利水电工程施工新技术应用研究

第一章 导 论

第一节 研究背景与动机

一、水利水电工程的历史演进

（一）古代文明中的水利工程

1. 早期灌溉系统的兴起

古代文明中的水利工程可以追溯到早期的灌溉系统。在人类社会面临自然灾害和干旱等问题的压力下，早期文明开始尝试通过简单而有效的灌溉系统来管理水资源。例如，古巴比伦和美索不达米亚的灌溉系统是最早的工程尝试之一，通过引导河流水源实现了农田的有效灌溉，为当地农业提供了可靠的水源。

这些早期灌溉系统为人类农业生产和社会发展提供了基本的保障。通过有效地利用水资源，古代文明得以在恶劣的自然条件下维持社会稳定，推动了农业的繁荣和城市的兴起。

2. 古埃及的尼罗河灌溉系统

在古埃及，尼罗河灌溉系统是一项伟大的工程壮举。尼罗河的周期性洪水为埃及提供了肥沃的泥沙，但也带来了洪水的破坏。为了合理利用洪水的有利因素，古埃及人建立了复杂的灌溉系统，通过渠道和堤坝控制水流，将水引入农田，实现了农业的高效生产。这一工程成就不仅促进了古埃及社会的繁荣，也在全球范围内展现了古代水利工程的卓越水平。

3. 中国的引黄灌区

在古代中国，引黄灌区是中国水利工程的杰出代表。这一工程早期是大禹治水的一部分。通过引导黄河水流将水灌溉到黄河流域的干旱地区，引黄灌区在改善土地质量和增加农业产量方面发挥了重要作用。这项工程不仅是对水利技术的成功应用，也是古代中国工程文明的杰出典范。

（二）近现代水利水电工程的崛起

1.工业革命背景下的水利水电工程兴起

随着工业革命的到来，水利水电工程进入了一个全新的时代。19世纪末和20世纪初，大规模的水利工程项目在世界范围内兴建。这一时期，工程技术的进步、机械化的发展及对水资源和能源的需求推动了水利水电工程的崛起。

2.美国胡佛大坝的建设

美国胡佛大坝是近现代水利水电工程的代表之一。在20世纪初，美国面临着水资源和电力的迫切需求。胡佛大坝的建设通过对科罗拉多河水流的调控，不仅为农业提供了灌溉水源，也为西部地区提供了大量的清洁能源。这一工程在技术和规模上都创下了新的纪录，对全球水利水电工程产生了深远的影响。

3.中国三峡大坝的巨大工程

中国的三峡大坝是世界上最大的水利水电工程之一。这座大坝于1994年动工，于2008年正式投产。三峡大坝不仅为中国提供了大量的清洁电力，还在防洪、航运、水资源调控等方面发挥了关键作用。它是中国工程技术和管理经验的集大成之作，为全球水利水电工程树立了榜样。

（三）历史演进对现代水利水电工程的影响

1.经验积累为现代工程奠定基础

历史演进中的水利水电工程经验积累为现代工程奠定了坚实的基础。通过对古代文明和近现代工程的深入研究，我们可以发现各个历史时期的工程技术创新，并从中汲取经验教训。这些宝贵的经验不仅在技术上为现代工程提供了借鉴，同时也在管理、环境影响和社会可持续性等方面提供了有益的启示。

2.技术创新的延续与发展

历史演进中的技术创新在现代水利水电工程中得到延续和发展。从早期的灌溉系统到近现代的大坝和水电站，工程技术在不断演变。新材料、先进的建模与仿真技术、自动化设备等在现代工程中的应用，都在一定程度上继承并发展了古代工程的技术传统。

3.社会需求的引导与挑战

历史演进也反映了社会需求的不断变迁。古代社会对灌溉和防洪的需求，近现代社会对能源和工业发展的需求，都推动了水利水电工程的发展。然而，这也带来了新的挑战，如环境影响、生态平衡和社会可持续性等问题，需要在工程设计和实施中寻找平衡点。

二、当前社会背景下的水利水电工程需求

（一）城市化快速发展对水利水电工程的影响

1.城市化的定义与特点

城市化是指人口从农村地区迁移到城市地区，形成城市人口不断增长的过程。近年来，全球范围内城市化进程加速，呈现出新型城市化的特点，包括城市规模扩大、产业结构升级、生活水平提高等。

2.新型城市化对水资源需求的影响

随着城市化的快速发展，城市对水资源的需求急剧增加。新型城市化带来了更高水平的生活需求和工业用水。城市人口的增加和生活水平的提高使得用水量迅速上升，城市工业的发展也对水资源提出更高的要求。因此，水利水电工程需要更大规模和更高效的建设来满足城市对水资源的需求。

3.城市化对水资源管理的挑战与需求

城市化对水资源管理提出了一系列挑战。城市区域的不均衡发展导致水资源分布不均，一些城市可能面临水资源短缺的问题。同时，城市的水环境也受到污染和过度开发的威胁。因此，水利水电工程需要在城市化的背景下，采用科学有效的水资源管理措施，保障城市水资源的可持续利用。

（二）能源需求的急剧上升对水电工程的挑战

1.能源需求的增长趋势

随着全球经济的不断发展，能源需求呈现出急剧上升的趋势。工业化和城市化的推动使得人们对清洁能源的需求不断增加。作为一种可再生的清洁能源，水电成为满足这一需求的重要选择。

2.水电作为清洁能源的优势与挑战

水电作为清洁能源在满足社会发展需求方面具有显著的优势。然而，随着能源需求的急剧增长，水电工程也面临一系列挑战。大规模水电工程可能对生态环境产生一定影响，而小型水电工程可能在局部引起环境问题。因此，水电工程需要在满足能源需求的同时，积极应对环境和可持续性的挑战。

3.环保技术在水电工程中的应用

针对水电工程面临的环境挑战，环保技术的应用变得至关重要。通过引入先进的环保技术，如鱼类通行设施、水质监测系统等，我们可以最大程度地减少水电工程对生态环境的影响，提高工程的可持续性。

（三）气候变化带来的水资源管理挑战

1. 气候变化对水资源的影响

气候变化导致了水资源的不确定性增加。气候变化引起了降水模式的变化，导致干旱和洪涝等极端天气事件频繁发生。这为水资源的规划和管理带来了更大的不确定性和挑战。

2. 水利水电工程的适应性与灵活性

面对气候变化带来的挑战，水利水电工程需要具备更强的适应性和灵活性。这包括建立灵敏的水资源监测系统，实施巧妙的水资源管理策略，以及制定灵活的水电调度方案，以适应不断变化的气候条件。

3. 新技术在水资源管理中的应用

新技术的应用为水资源管理提供了新的解决方案。包括遥感技术、人工智能和大数据分析在内的新技术可以更精确地预测气象变化，帮助工程实现更智能的水资源管理，有效缓解气候变化带来的压力。

三、研究动机与目标

（一）研究动机

1. 传统水利水电工程面临的挑战

本研究的动机源于对当前水利水电工程形势的深刻关切。系统工程面临诸多挑战，其中资源有限、环境压力加大、技术局限等问题，已经成为制约工程可持续发展的瓶颈。这些挑战不仅影响着工程的效率和可靠性，也对环境可持续性和社会责任提出了更高的要求。

2. 新技术引入的迫切需求

传统水利水电工程在应对新时代挑战时显得相对滞后，这催生了我们对新技术引入的迫切需求。随着科技的飞速发展，诸如建筑信息模型（BIM）、无人机技术、人工智能等新技术不断涌现，为工程领域提供了全新的解决方案。我们的动机在于充分利用这些新技术，提升水利水电工程的效能，解决传统工程面临的问题，迎接未来的发展。

3. 工程历史的回顾与反思

通过对工程历史的回顾，我们深刻认识到过去工程的发展轨迹。历史中的成功经验和失败教训都为今后的工程实践提供了宝贵的参考。工程领域的技术演进和创新是我们不断前行的动力，也激发了我们对新技术应用深入研究的渴望。通过总结过去的经验，我们能更好地把握工程发展的脉络，找到新技术在解决工程问题上的价值所在。

（二）研究目标

1. 科学方向与可行解决方案

本研究的目标在于通过深入挖掘历史演进、分析当前需求，以及理解新技术的应用，为水利水电工程的未来发展提供科学的方向和可行的解决方案。我们追求的是在工程领域推动创新，通过对工程问题的深入研究，为未来工程实践提供更为科学和可行的指导。

2. 洞察与解决实际问题

我们的目标不仅仅停留在理论层面，更追求深入洞察实际问题，并提供解决方案。通过系统性的研究，我们致力于为工程领域的相关从业者、研究者、决策者提供有价值的参考和建议。通过对新技术的深入应用，我们期望为水利水电工程的未来发展注入新的活力，解决实际问题，推动行业的可持续发展。

3. 为可持续发展贡献力量

通过我们的研究，我们追求为我国水利水电工程的可持续发展贡献一份力量，希望通过对新技术的深入研究，为工程领域的创新和发展提供新的思路和方向。我们希望通过对工程问题的深刻理解，为决策者提供决策依据，为从业者提供实践经验，从而共同推动我国水利水电工程行业朝着更加可持续、高效、创新的方向迈进。

第二节　研究目的与意义

一、研究的具体目标

（一）水利水电工程施工新技术应用目标的设定

1. 具体目标的背景与需求

在当前工程背景下，水利水电工程施工面临着日益复杂的挑战和迫切的需求。通过深入了解工程实践中存在的问题和发展趋势，我们将明确定义研究的具体目标。这包括但不限于提高施工效率、降低工程风险、优化资源利用等方面的目标。明确的目标设定有助于更有针对性地进行研究，确保研究成果切实可行，具有实际应用的意义。

2.目标设定的关键要素

在确定具体目标时，我们需要考虑多个关键要素，如技术创新、环境友好、成本效益等。我们将对这些关键要素进行综合考虑，确保目标设定既符合工程的实际需求，又能够引领新技术在水利水电工程施工中的应用方向。

（二）目标设定的科学方法与工程实践结合

1.结合科学方法明确目标

目标的设定需要结合科学方法，通过实证研究和数据分析，确保目标既科学合理又切实可行。我们将采用系统性的研究方法，深入分析工程的具体情境，以确保目标的设定具有科学性和可操作性。

2.工程实践中的反馈与修正

在设定目标后，我们将持续关注工程实践中的反馈信息。通过与实际施工经验的结合，及时修正目标设定中可能存在的偏差，确保研究方向与实际需求保持紧密关联。这种反馈机制将使我们的研究更加贴近工程实践，提高研究成果的实用性和可操作性。

二、研究对水利水电工程的影响和意义

（一）新技术应用的影响

1.提高施工效率

通过新技术的应用，我们将揭示其在提高水利水电工程施工效率方面的潜在影响。新技术的引入是否能够缩短工程周期、减少人力投入、提高施工精度等，这些方面的影响将被深入研究，为工程管理提供实质性的优化建议。

2.降低工程风险

工程施工中存在的各种风险是制约工程可持续发展的重要因素。我们将揭示新技术在降低工程风险方面的潜在影响，包括但不限于智能监控系统的应用、实时数据分析的能力等，从而提供工程风险管理的创新思路。

3.优化资源利用

资源的有限性是当前工程面临的一大挑战。我们将分析新技术在优化资源利用方面的作用，探讨数字化施工管理、建筑信息模型在资源规划和利用上的潜在效益，为实现工程的可持续发展提供实际操作指南。

（二）对水利水电工程的全局影响

1. 推动工程领域创新

通过研究新技术在水利水电工程中的具体应用，我们旨在揭示这些应用对工程领域的全局影响。这包括：

（1）推动工程管理模式的创新

新技术的引入将有望推动传统的工程管理模式发生深刻的变革。通过建筑信息模型（BIM）的应用，工程管理者可以更加直观、全面地了解工程的各个阶段，从而实现更为智能、高效的管理。我们将深入研究新技术对工程管理模式的潜在影响，为工程领域的管理创新提供理论和实践支持。

（2）推动工程人才培养的需求变革

随着新技术的广泛应用，工程领域对人才的需求也将发生变革。我们将分析新技术引入后，对工程从业人员技能和知识结构的影响，为工程人才培养提供指导。这有助于培养适应新技术应用的高素质工程人才，满足工程领域不断发展的需求。

（3）推动工程社会责任的认知与实践

新技术的应用将不仅仅改变工程的管理和执行方式，还将对工程社会责任提出更高要求。我们将研究新技术在工程社会责任方面的潜在影响，包括环境保护、社会公益等方面。深入揭示这些影响，为工程社会责任的认知与实践提供更为深远的指导。

2. 研究的学术价值

（1）填补水利水电工程新技术应用研究的空白

尽管新技术在工程领域的应用日益广泛，但在水利水电工程中的具体应用仍存在一定的研究空白。本研究将填补这一空白，深入挖掘新技术在水利水电工程中的应用潜力，为学术界提供新的研究视角。

（2）推动水利水电工程领域的学术创新

通过深入研究新技术的应用，我们旨在为水利水电工程领域注入新的学术创新，结合工程实践，提出具体的理论框架和方法，为未来的学术研究提供启示，推动该领域的学术发展。

（3）为实际工程提供科学依据

本研究的实际目的是为实际水利水电工程提供科学依据。通过深入分析新技术在工程实践中的应用效果，我们将为决策者和从业者提供可行的解决方案和决策依据，从而促进水利水电工程的实际发展。

第三节　研究范围与方法

一、界定研究的具体范围

（一）新技术种类的明确定义

1.先进传统施工技术

首先明确定义新技术中包含的先进传统施工技术，如先进的混凝土浇筑技术、高效的土方工程实施等。通过对这些技术的深入研究，我们可以全面了解传统技术的优化和升级。

2.数字化施工管理技术

着重研究数字化施工管理技术的应用，包括建筑信息模型（BIM）在工程设计和管理中的具体实践，以及其他数字化管理工具的应用情况。通过界定这一范围，我们可以更加深入地了解数字化管理对施工效率和质量的影响。

3.智能化设备与自动化施工技术

明确定义智能化设备和自动化施工技术的范围，包括机器人技术、智能传感器的应用等。这有助于我们深入了解这些技术在工程实践中的具体应用情况，以及它们对施工效率和安全性的提升效果。

（二）施工阶段的具体划分

1.前期规划与设计阶段

研究新技术在工程前期规划与设计阶段的应用情况，包括 BIM 在项目设计中的应用、智能化设备在规划阶段的使用等。这有助于我们深入了解新技术对工程规划与设计的影响。

2.施工实施阶段

关注新技术在施工实施阶段的应用，包括数字化施工管理技术在工地现场的具体运用、智能化设备在施工过程中的作用等。这有助于我们全面了解新技术对施工效率和质量的提升效果。

3.后期监测与维护阶段

研究新技术在工程后期监测与维护阶段的应用，包括无人机技术在工程监测中的具体实践、智能传感器在设施维护中的应用等。这有助于我们深入了解新技术对工程后期管理的影响。

（三）工程规模的范围界定

1.大型水利水电工程

以大型水利水电工程为研究范围的一部分，深入探讨新技术在这类工程中的应用情况。通过对大型工程的研究，我们可以更好地理解新技术在复杂工程背景下的实际效果。

2.中小型水利水电工程

将同样研究中小型水利水电工程中新技术的应用情况。这有助于我们全面了解新技术在不同规模工程中的适用性和效果，为工程规模的选择提供参考依据。

二、采用的研究方法和技术

（一）文献综述的深入分析

1.国内外相关研究的综合梳理

进行国内外相关研究的文献综述，系统地梳理水利水电工程施工新技术应用的研究现状。通过对已有研究的深入分析，我们能够了解不同技术在不同背景下的应用效果，为本研究提供理论基础和实践启示。

2.先进统计分析工具的应用

采用先进的统计分析工具，对采集到的数据进行科学合理分析。建立合适的模型，对新技术应用的效果进行量化分析，使研究结果更具有说服力和可信度。这有助于揭示不同变量之间的关联性，为研究结论提供可靠的统计支持。

（二）案例分析的全面运用

1.多维度案例的选择与比较

选择多个具有代表性的水利水电工程案例，涵盖不同新技术的应用领域、工程规模和施工阶段。通过对这些案例的深入比较，我们能够全面了解新技术在不同情境下的适用性和效果，为工程实践提供具体经验和启示。

2.案例分析的实地调研

除了文献综述外，进行实地调研，深入了解实际工程中新技术的应用情况。通过与从业者的交流和现场观察，我们能够获取更为真实和全面的数据，为研究提供更为可靠的实证支持。

（三）结合理论与实践的研究方法

1. 理论框架的建立与优化

建立研究的理论框架，结合先前的文献综述、统计分析和案例分析的结果，不断优化理论框架。通过理论框架的建立，我们能够更好地把握研究的核心问题，确保研究的科学性和系统性。

2. 实证结果与理论的反复验证

在研究过程中，我们将不断对实证结果与理论进行反复验证。通过将理论与实际案例相互对照，我们能够更加深入地理解新技术在水利水电工程施工中的应用效果，并及时修正研究方法，以确保研究结果的准确性和可靠性。

第二章 水利水电工程概述

第一节 水利水电工程的重要性

一、水资源管理的关键性

（一）水资源在社会发展中的地位

1. 水资源的社会价值

（1）水资源的基本概念和重要性

首先，水资源的基本概念涵盖地球上各种形态的水，包括地表水、地下水和大气中的水汽。地表水主要指河流、湖泊、水库和海洋等水体，地下水则存储在地下岩层中，而大气中的水汽则是水循环的一部分。这种多样的水资源形态构成了地球水圈，为自然界和人类社会提供了丰富的水资源。

其次，水资源的重要性体现在其作为生命的基础。水是维持生命的必需物质，不仅构成生物体的主要组成部分，还是维持生命活动的重要介质。对于人类、动植物而言，水是维持生存的基本要素。作为生命的基础，水资源直接关系到生态系统的健康和生物多样性的维护，对人类的饮水、农业灌溉、工业生产等方面都至关重要。

（2）水资源的社会经济价值

首先，水资源在农业领域的社会经济价值表现为其对农田产量和粮食安全的关键作用。水是农作物的生长必需，对于农业生产具有不可替代的作用。通过灌溉系统，我们可以有效地将水输送到农田，提供植物所需的水分，从而提高农田的产量。农业灌溉的实施使得在干旱地区和非季节性降水区域也能进行高效的农业生产，保障了农业的稳定发展。水资源的体量直接关系到全球粮食安全，对于保障社会的食品供应和农业经济的可持续发展具有重要意义。

其次，水资源在工业生产中的社会经济价值主要体现在其在能源生产、原材料加工等方面的基础性作用。水在能源生产中广泛应用，如水力发电、燃料生产等。水力发电是清洁能源的重要来源，其在可再生能源中的地位不可忽视。同时，水作为原材料的加工和冷却介质在各类工业过程中扮演着关键角色。工业用水的体量直接影响到工业生产的效率和成本，对于社会经济的可持续发展具有深远的影响。

最后，水资源在城市化进程中的社会经济价值体现在其在居民生活、工业生产和城市基础设施建设中的广泛应用。在居民生活方面，水是人类日常生活的基本需求，包括饮用、清洁卫生、烹饪等多个方面。在工业生产中，水被用于制造、冷却、清洗等工艺，对于工业活动的进行起到了关键支持作用。此外，城市基础设施建设中的供水、排水系统及水处理设施都依赖于充足的水资源。因此，水资源的合理利用对城市的正常运行、居民生活的质量和城市的可持续发展都有着直接的影响。

在社会经济的大背景下，水资源不仅仅是一种自然资源，更是推动农业、工业和城市化发展的重要动力。水资源的社会经济价值体现在其对粮食生产、工业生产和城市发展的支撑作用，直接影响到社会的可持续发展和人民生活水平的提升。因此，深入研究水资源在不同领域中的经济价值，有助于更好地理解水资源的战略地位，为合理管理和有效利用水资源提供科学依据，推动社会经济的可持续发展。

（3）水资源的环境价值

水资源的环境价值体现在维持生态平衡和生物多样性方面。河流、湖泊、海洋等水域生态系统为众多生物提供栖息地，维护生态平衡。此外，水资源还具有调节气候的功能，通过蒸发和降水过程参与大气循环，影响地球的气候。

（4）水资源的文化价值

水在人类文化中有着深厚的历史渊源，体现在宗教仪式、文学艺术、建筑设计等多个方面。河流、湖泊常常被赋予特殊的文化寓意，成为文化传承的重要元素。

（5）水资源与社会稳定发展的关系

水资源的体量直接关系到社会的稳定发展。缺水地区常常面临粮食短缺、经济困境，甚至会引发社会动荡。因此，水资源的合理开发和利用对于社会的稳定和可持续发展至关重要。

2.水利工程对水资源的调控作用

（1）水利工程的定义和分类

水利工程是指通过各种技术手段对水资源进行调控和利用的工程体系。根据其功能和用途，水利工程可分为灌溉工程、水电工程、防洪工程等多个类型。这些工程在不同领域中发挥着关键的作用。

（2）灌溉工程对农业的影响

灌溉是水利工程的重要组成部分，通过引水灌溉，我们可以解决干旱地区的农业用水问题，提高农田产量。灌溉工程的规划和设计涉及水文、土壤学等多个学科，为农业的可持续发展提供了技术支持。

（3）水电工程在能源领域的贡献

水电工程是清洁能源的重要来源，通过水力发电，我们可以实现对水资源的有效利用，同时减少对化石能源的依赖。这对于应对能源危机、减缓气候变化具有积极的社会效益。

（4）防洪工程对社会稳定的保障

水利工程中的防洪工程是保障社会安全的关键环节。通过建设堤坝、水库等防洪设施，我们可以有效减轻洪水对城市和农田的破坏，保障居民生命财产安全。

（5）水利工程与可持续发展目标的关系

水利工程在可持续发展目标中发挥着积极的作用。例如，通过提供清洁能源、增加农田产量、防止自然灾害等方面，水利工程有助于实现联合国可持续发展目标中的多个指标。

（6）水资源管理与科技创新的结合

随着科技的不断进步，水利工程的管理和运行方式也在不断创新。智能化、信息化等技术的应用使得水资源的管理更加精细化和高效化，为社会发展提供了新的可能性。

（二）水利工程对水资源的调控作用

1. 灌溉系统的优化与效益

水利工程中的灌溉系统对于农业生产和水资源的高效利用起着至关重要的作用。灌溉系统的优化涉及多个方面，包括技术、管理和政策等。

首先，技术方面的优化是关键。通过引入先进的灌溉技术，如滴灌、喷灌等，我们可以提高灌溉效率，减少水资源的浪费。这需要对土壤、气象等多个因素进行精准监测，以实现精准灌溉，为农田提供合适的水分。

其次，管理层面的优化也是不可忽视的。建立科学的灌溉管理制度，包括水权的分配、灌溉计划的制订等，有助于协调农田的水资源利用，避免过度抽水和资源浪费。

最后，政策的支持对于灌溉系统的优化至关重要。政府可以通过制定奖惩政策，鼓励农民采用先进的灌溉技术，同时限制过度抽水行为，保障水资源的可持续利用。

通过对灌溉系统的综合优化，我们不仅可以提高农田产量，保障粮食安全，还能够降低对水资源的过度开发，实现水资源的可持续利用。

2.水电站对清洁能源的贡献

水电站是水利工程的重要组成部分，水流驱动涡轮发电机产生电能，为社会提供清洁可再生的能源。水电站对水资源的调控作用主要体现在能源生产和水库调度两个方面。

首先，水电站通过将水流能转化为电能，为社会提供大量清洁能源。相比于传统的化石能源，水电能源不仅排放少量温室气体，而且具有可再生性，对于缓解能源危机和减缓气候变化具有重要作用。

其次，水电站通过水库的调度，实现对水资源的有效管理。水库的建设和运营使得水能够得以储存，可以在不同季节和气候条件下进行合理分配。这有助于防洪、供水、灌溉等多个方面，提高了水资源的利用效率。

水电站的建设和运行需要综合考虑水资源的季节性变化、地理分布等因素，涉及水文学、工程水文学等多个学科。因此，水电站对水资源的调控不仅仅是能源领域的问题，还涉及水文学、环境科学等多个学科知识的交叉应用。

二、水电能源的重要性

（一）水电能源在能源结构中的地位

1.水电能源的清洁可再生特性

首先，水电能源的清洁可再生特性在其发电过程中得以显著体现。相较于传统的化石能源，水电能源在能量转化过程中几乎不产生大气污染物和温室气体。在水轮机驱动下，水流推动涡轮发电机发电的过程中，没有燃烧产生废气，也不涉及燃料燃烧的二氧化碳排放。这使得水电能源成为一种极为清洁的发电方式，有力地减缓了大气污染和温室气体排放对环境的不良影响。

其次，水电能源的可再生性质使得其在可持续发展目标中发挥关键作用。水能通过水循环的方式，实现了不断再生。水从地表蒸发形成水汽，形成云层后降为降水，最终流入河流、湖泊，形成水循环的闭环。这个过程中，水轮发电机通过收集和利用水流的动能，将其转化为电能，而不消耗水资源本身。这使得水电能源成为一种可持续利用的资源，不会因为频繁使用而耗竭，为长期可持续发展提供了坚实的基础。

再次，水电能源的环境影响相对较低。在水电站的建设和运行过程中，相比于煤炭、石油等传统能源的采掘和燃烧，水电工程对土地和空气的污染较小。虽然水库的建设可能对周围生态环境造成一定程度的干扰，但相对于化石能源所带来的气候变化、空气污染等全球性问题，这种影响可以通过科学规划和生态恢复得到缓解。此外，水库水域还为鱼类提供了生存的场所，有助于生态平衡的维护。

最后，水电能源的清洁可再生特性在全球温室气体减排目标和可持续发展目标中具有重要意义。随着全球对气候变化和环境污染的关注不断增加，水电能源作为清洁、可再生的能源，对于实现低碳经济和可持续发展目标至关重要，其在能源结构中的地位日益凸显，推动着社会逐步减少对高碳能源的依赖，促使能源结构向更为清洁和可持续的方向演变。

2. 水电能源在降低碳排放方面的作用

首先，水电能源在降低碳排放方面的关键作用主要体现在其发电过程中相对较低的温室气体排放。传统的化石燃料，如煤、石油，在燃烧过程中释放大量的二氧化碳（CO_2）、氮氧化物（NO_x）和硫氧化物（SO_x）等有害气体，这些气体是主要的温室气体，对全球气候变化贡献巨大。相较之下，水电能源通过水轮发电机将水能转化为电能的过程中，几乎不产生二氧化碳等温室气体，因此在减缓气候变化方面具有显著的环保优势。

其次，水电能源的推广和应用有助于国家和地区逐渐减少对高碳能源的依赖，实现能源结构的转型升级。随着全球对气候问题的关注不断升温，国际社会普遍认识到减缓气候变化的紧迫性。通过增加水电能源在能源结构中的比重，我们可以逐步减少对煤炭、石油等高碳能源的需求，从而减缓对有限自然资源的过度开采，降低对生态环境的破坏。这种能源结构的转型升级不仅有助于应对气候变化，还为实现可持续发展目标奠定了坚实基础。

再次，水电能源的优势在于其稳定性和可控性，这有助于提高电力系统的可靠性，降低对其他不稳定可再生能源的依赖。相比于风能和太阳能等可再生能源，水电能源的发电具有较强的稳定性，水库调度和水流控制可以实现对电力输出的精确调节。这使得水电能源成为电力系统的一种重要的基础负荷，可以弥补其他可再生能源在波动性和不确定性方面的不足，从而实现电力系统的平稳运行。

最后，通过水电能源的积极推广，国家和地区可以在全球范围内为应对气候变化提供积极支持。作为清洁、低碳的能源形式，水电能源在国际合作中具有示范效应，为其他国家提供了可行的可持续发展路径。通过技术交流、经验分享等方式，水电能源有望在全球范围内推动清洁能源的发展，共同应对气候变化的全球性挑战。

3. 水利水电工程在清洁能源转型中的不可替代性

首先，水利水电工程在清洁能源转型中的不可替代性体现在其为水电能源发展提供了必要的基础设施。水电站的建设需要依托大规模的水利工程，其中包括水库、堤坝等重要设施的建设。这些水利工程不仅提供了充足的水资源，也为水电站的运行创造了合适的环境。水库的建设为水能的蓄积和释放提供了空间，使水轮发电机能够高效转化水能为电能。因此，水利水电工程的存在为清洁能源转型奠定了基础，为水电能源的发展创造了必备的条件。

其次，水利水电工程建设对整个能源系统的稳定性和可持续性产生深远的影响。水电站通过水库的蓄水和释水，实现对电能的灵活调度，为电力供应提供了稳定的基础。水库的储能特性使得电能能够在需要时被释放，实现对电力需求的快速响应。这种稳定的电力供应对于电网的平稳运行至关重要，特别是在清洁能源逐渐替代传统能源的过渡期间。水利水电工程通过其独特的调度能力，为清洁能源提供了可靠的支持，降低了对不稳定可再生能源的依赖，有力地促进了电力系统的可持续性发展。

再次，水电站具备显著的调峰功能，这使得水利水电工程在电力系统中扮演着独特的角色。调峰是指根据电力系统的实际需求，在高峰期提供更多的电能，而在低谷期降低发电量。水电站通过水库的调度可以在短时间内调整电力输出，灵活应对电力需求的波动。这对于电力系统的适应性和应变能力有着显著的提升，尤其是在新能源渗透率逐渐增加的情况下。水利水电工程通过其调峰功能，帮助平衡电力系统的供需关系，提高电能的质量，减少电力系统的波动风险。

最后，水利水电工程在清洁能源竞争中的优势体现在其为电力市场提供了稳定的清洁能源。由于水电能源具有相对稳定的发电特性，其可靠性在市场竞争中具有独特的优势。这对于提升电能质量、降低电力系统的风险，以及满足清洁能源需求具有重要意义。水利水电工程的不可替代性在于其在清洁能源转型过程中，为可再生能源的稳定性和可持续性提供了坚实的支持，为社会经济的可持续发展做出了积极贡献。

（二）水电工程对能源供应的贡献

1. 水电工程在电力供应中的角色

首先，水电工程在电力供应中的关键角色表现在其能够将水能有效转化为电能。水电站通过引水、蓄能和水轮发电等工艺，将水流的动能转变为电能。这一过程几乎不涉及对有限自然资源的消耗，同时也不产生二氧化碳等有害气体，这使得水电工程成为一种清洁、可再生的能源形式。在电力供应中，水电工程为社会提供了大量的清洁电力，有助于推动电力结构向更可持续、低碳的方向发展。

其次，水电站具备响应速度快、启停灵活的特点，能够迅速适应电力需求的变化。与其他可再生能源如风能和太阳能相比，水电站在启停过程中具有更高的灵活性。由于水轮机和发电机的特性，水电站能够在极短的时间内实现启停，迅速调整电力输出。这种灵活性对于电力系统的平稳运行至关重要，尤其在面对突发负荷波动、紧急电力需求等情况下，水电工程能够迅速提供可靠的电力支持，保障电力供应的稳定性。

再次，水电站的运行具有稳定性和可控性，为电力供应体系注入了稳定性。水库的蓄水和释水过程可以通过科学的调度来实现，水电站的运行更具可控性。这一特性有助于调节电力系统的频率和电压，提高电力供应的质量。相比于风能和太阳能等具有波动性的可再生能源，水电工程在提供稳定电力方面表现更为可靠，为电网的平稳运行提供了有力支持。

最后，水电工程的角色在于提高电力供应的可靠性。由于水电站的响应速度和启停灵活性，它们能够迅速适应各种电力需求变化，有助于维持电力系统的平稳运行。水电工程不仅能够满足基础电力需求，还可以通过灵活的调度应对电力系统的变化，提高电力供应的适应性和应变能力。这对于降低电力系统的风险、保障电力供应的可靠性，进而促进社会经济的持续发展具有重要意义。

2. 水电工程对电能质量和电网可持续性的影响

首先，水电工程通过其独特的蓄能和释能特性对电能质量产生积极影响。水电站的蓄能过程允许在低谷时段蓄积水能，而在高峰时段释放水能，实现电力的灵活调度。这使得水电工程具备调峰的能力，可以迅速适应电力需求的变化，保证电力系统在高峰期能够提供足够的电能。因此，水电工程的调峰特性有利于平滑电力需求的波动，提高电能的可用性，有助于优化电力质量。

其次，水电站通过对水库的调度，可以适应枯水期和丰水期的变化，为电网的可持续性提供了重要的支持。在枯水期，水电站可以通过适时释放水源来维持电力供应，避免因水源不足而导致电力供应不稳定。而在丰水期，水电站则能够更为灵活地调整水库的水位，提高电力产能，确保电网能够满足日益增长的电力需求。这种可调度性使得水电工程能够更好地适应气候变化和季节性变化，为电网的长期可持续性提供坚实的基础。

再次，水电站在电能质量方面的影响主要体现在其对电力系统的频率和电压的调控能力上。通过蓄水和释水的过程，水电工程能够灵活地控制水轮机的转速，进而调整发电机的输出频率。这种频率调控的能力对于电力系统的稳定性至关重要，因为电力系统的频率越稳定，电能的质量就越高。水电工程的调频特性有助于维持电力系统的频率在正常范围内，提高电能的可靠性和稳定性。

最后，水电工程对电网的可持续性产生积极的影响。由于水电工程的可调度性，电力系统能够更好地适应外部环境的变化，如气候变化和季节性变化。这使得电网能够更加灵活地应对各种挑战，降低了电网的风险。水电工程的存在为电力系统提供了稳定、可靠的清洁能源，有力地支持了电网的可持续发展。

第二节　工程施工的基本流程

一、工程规划与设计阶段

（一）规划设计对工程成功的关键性

1.工程生命周期中的关键地位

首先，工程规划与设计阶段在整个工程生命周期中具有不可替代的关键地位。这一阶段不仅是水利水电工程实施的起点，更是决定工程成功的关键时期。在规划与设计阶段，工程团队需要对工程的整体框架进行全面规划，明确项目的目标、范围和关键约束条件。这些规划决策直接影响了工程后续各个阶段的顺利进行，为整个工程生命周期的成功奠定了基础。

其次，规划与设计阶段对工程后续阶段的顺利进行产生深远的影响。在规划与设计阶段，项目的技术路线、资源配置、投资计划等关键决策得以制定和明确。这些决策为后续的建设、运营和维护提供了指导方针。例如，在水电工程中，规划与设计阶段的水利工程方案选择、电站布局等决策将直接影响到后续水电站的建设和发电效果。因此，规划与设计阶段的质量和科学性对于整个工程的成功至关重要。

再次，规划与设计阶段是项目可行性研究的关键时期。项目可行性研究包括经济可行性、社会可行性、环境可行性等多个方面的综合评估。在规划与设计阶段，对项目的可行性进行科学评估，有助于明确工程目标和建设方案是否符合实际情况，为项目的后续阶段提供了可行性的基础。科学的可行性研究有助于确保工程的投资回报、社会效益和环境影响达到最优平衡，为工程的整体成功提供保障。

最后，规划与设计阶段的关键决策对工程的最终成功产生深远的影响。例如，在水电工程中，规划与设计阶段决定了水电站的布局、水利工程的设计方案等关键要素，这直接关系到水电站的建设、运行和维护。合理的规划与设计决策有助于提高工程的技术经济效益，确保工程在运行阶段能够达到预期的效果。因此，规划与设计阶段的质量和科学性对于整个工程的成功具有不可替代的作用。

2.项目可行性研究的重要性

第一，项目可行性研究在规划与设计阶段具有至关重要的地位。在这一阶段，对项目的可行性进行全面而科学的评估是确保工程成功的基石。项目可行性研究旨在对工程进行全面的经济、社会和环境方面的分析，从而为规划与设计提供可行性的依据。这一全面性的评估有助于明确工程目标、约束条件和关键影响因素，为后续阶段的决策提供重要支持。

第二，经济可行性是项目可行性研究中的一个关键方面。在项目的经济可行性研究中，我们需要对投资成本、运营成本、预期收益等进行详尽的分析。首先，投资成本的准确评估是确保项目经济可行性的基础。其次，对运营成本的合理估算有助于评估工程的长期可持续性。最后，对预期收益的分析能够确定项目的盈利潜力，确保项目在经济上具备可行性。这些经济可行性的分析为制定科学合理的规划和设计方案提供了经济基础。

第三，社会可行性的评估对于确保项目的社会效益和可持续性同样至关重要。社会可行性研究涉及项目对当地社会的影响的评估，包括就业机会、社会福利、居民迁移等方面。首先，了解项目对当地就业的影响有助于维护社会的稳定和可持续发展。其次，对社会福利的考虑有助于确保项目不仅仅在经济上可行，还能够为当地社区带来积极的社会效益。这样的社会可行性评估有助于项目的社会责任履行和可持续发展。

第四，环境可行性评估在项目可行性研究中扮演着重要的角色。随着人们对环境影响的关注不断增加，对工程对环境的潜在影响进行充分评估变得至关重要。首先，我们需要评估项目对自然资源的利用和消耗，以确保环境的可持续性。其次，我们对项目可能带来的环境污染和生态破坏进行全面考虑，采取措施降低对环境的负面影响。这样的环境可行性研究有助于确保工程在符合环保标准的同时能够达到经济和社会方面的可行性。

3.技术路线选择的重要性

第一，技术路线选择在规划与设计阶段具有至关重要的地位。选择合适的技术路线直接关系到工程的建设和运行效果，对工程的整体成功具有决定性的影响。在水利水电工程等领域，技术路线选择涉及水利工程设计、水电站建设方案等方面的关键决策。首要任务是深入研究各种技术路线，确保选定的方案具有最佳的技术经济效果。

第二，技术路线选择的重要性体现在其直接影响工程的经济效益。不同的技术路线可能导致不同的投资成本、运营成本和收益预期。在经济效益方面，我们需要综合考虑各种因素，如设备采购、施工费用、运维成本等，以确保选定的技术路线在经济上是合理的。对不同技术路线的经济效益进行评估，能够为规划设计提供科学的经济基础，使工程能够在投资回报和盈亏平衡方面达到最优水平。

第三，技术路线选择对工程的环境影响和可持续性具有直接的影响。在考虑不同技术路线时，我们需要综合评估其对环境的影响，包括水资源的利用、生态系统的影响等。合理选择技术路线有助于降低工程对环境的不良影响，确保工程的可持续性。例如，在水利水电工程中，选择采用先进的水利工程设计和环保措施，有助于减少对水资源的损耗，降低对周边生态环境的破坏。

第四，通过深入研究各种技术路线，并评估其在实际应用中的效果，能够为制定科学可行的规划设计方案提供决策支持。在评估技术路线时，我们需要考虑其技术可行性、成熟度、适用性等因素，以及对工程整体性能的影响。通过科学的评估和决策，确保选定的技术路线能够最大程度地满足工程的技术和经济需求，提高工程的整体效益和成功的可能性。

（二）先进技术在规划设计中的应用

1.数字化技术在规划设计中的广泛应用

（1）建筑信息模型（BIM）的介绍

数字化技术在规划设计中的引入，其中尤为显著的是建筑信息模型（BIM）。BIM是一种基于数字化三维模型的综合性工程管理工具，已成为规划设计领域的热门工具。BIM技术不仅局限于设计阶段，还覆盖了工程的施工、运维等各个生命周期，为全生命周期管理提供了全方位支持。

（2）BIM技术在设计阶段的应用

在设计阶段，BIM技术通过构建数字化的三维模型，使得设计团队能够以更直观的方式理解和协同工作。首先，BIM技术能够将建筑、结构、给排水、电气等多个专业的设计信息融合在一个数字化的模型中，提高设计的整体性和协同性。其次，通过BIM，设计师能够进行实时的模型演示和交互，有助于发现和解决设计中的问题，提高设计的精度和可靠性。此外，BIM还支持多专业的协同设计，这使得各个专业之间的信息能够实时共享，提高设计的整体效率。

（3）BIM技术在施工阶段的应用

在施工阶段，BIM技术的应用不仅限于设计信息的传递，还可以为施工提供全面支持。首先，BIM技术可以用于施工过程的模拟和优化，帮助施工团队规划施工流程、提高施工效率。其次，通过BIM，施工人员能够在数字化模型中查看设计意图，减少施工过程中的误差和问题。此外，BIM还能够支持施工现场的可视化管理，提高施工过程的透明度和可控性。

（4）BIM技术在运维阶段的应用

BIM技术的优势在于其全生命周期的管理，包括工程的运维阶段。在运维阶段，BIM模型成为建筑设施的数字化双胞胎，实现了设计意图和实际运行状态的无缝对接。首先，BIM技术通过建立数字化的设施管理系统，能够实时监测建筑设施的运行状态，提高运维的响应速度。其次，通过BIM，运维人员可以轻松获取建筑设施的各项信息，包括设备的维护历史、使用寿命等，有助于制订科学合理的运维计划。

2.提高设计效率与降低成本

数字化技术的应用使得规划与设计阶段的工作更加高效。通过BIM等工具，设计人员可以在虚拟环境中模拟和优化工程设计，减少设计中的错误和不一致性，提高设计的质量。同时，数字化技术也可以实现信息共享，促进设计人员、工程师、业主等多方参与，协同工作，从而降低设计阶段的成本，提高整体工程的经济效益。

首先，数字化技术在规划与设计阶段的应用显著提高了设计效率。以BIM为例，设计人员可以利用其强大的三维建模功能，在虚拟环境中对工程进行全方位的模拟和优化。通过实时的模型演示和交互，设计人员能够更直观地理解和调整设计方案，减少设计的试错次数，提高设计的准确性和质量。此外，数字化技术还支持多专业的协同设计，促使不同专业之间更紧密地合作，加速设计流程，降低信息传递的误差。

其次，数字化技术的应用有效减少了设计中的错误和不一致性。传统设计中，设计人员可能面临信息不同步、沟通不畅等问题，容易导致设计方案的不一致。而数字化技术通过将各专业的设计信息整合在一个统一的数字模型中，降低了信息传递的障碍，减少了设计中的误差。设计人员可以在数字化模型中实时查看和调整设计，确保各专业设计的协调一致，提高设计的一致性和整体性。

数字化技术的应用还促进了多方参与和协同工作。通过 BIM 等工具，设计人员、工程师、业主等多方参与者可以在同一数字化平台上共同查看和编辑设计信息。这种协同工作方式打破了传统的信息孤岛，促使各方更密切地协作。不同专业的设计人员可以实时交流和合作，及时解决设计中的问题，提高了团队协同效率。多方参与还能够为设计方案提供更全面的视角，减少遗漏，提高设计的完整性。

最后，数字化技术的应用有助于降低设计阶段的成本。其一，通过提高设计效率，减少设计中的错误和重复工作，设计人员能够更快速地完成设计任务，降低设计过程中的人力成本。其二，数字化技术的协同工作方式避免了信息传递的滞后和不准确，减少了沟通成本。其三，数字化模型的建立和维护相对于传统设计方法而言，也具有较低的成本。因此，综合考虑，数字化技术的应用在提高设计效率的同时，有效降低了设计阶段的总体成本，为整体工程的经济效益提供了支持。

3. 可视化与决策支持

首先，数字化技术在规划设计中的可视化体现在虚拟现实技术的应用。通过虚拟现实技术，设计人员可以将数字模型呈现为虚拟现实场景，使得工程的各个方面在三维环境中得以全面展示。设计人员可以通过虚拟现实设备，如头戴式显示器，直接进入虚拟环境，仿佛置身于实际工程现场。这种沉浸式的体验使得设计人员能够更直观地感知和理解工程，从而更准确地进行设计和决策。

其次，数字化技术还通过仿真技术实现了对工程的可视化。仿真技术通过模拟工程的运行、施工等过程，生成相应的数字模型，并通过图形化界面展示给设计人员和决策者。设计人员可以通过仿真模型观察工程在不同条件下的运行情况，优化设计方案。决策者则可以通过仿真了解工程在不同情境下的表现，为决策提供更充分的信息。这种基于数字化模型的仿真有助于规划设计的科学性和合理性。

可视化技术对设计人员的辅助作用不可忽视。首先，通过可视化，设计人员可以更清晰地观察和分析工程的各个组成部分，发现设计中的问题和隐患。其次，可视化使得设计人员能够更灵活地调整和优化设计方案，实时查看设计变化对工程的影响。这种实时的反馈有助于提高设计的灵活性和效率，确保设计方案的优化和合理性。

可视化技术也为决策者提供了更直观的信息支持。决策者可以通过可视化界面直观地了解工程的整体布局、结构特点等，而不仅仅依赖于抽象的技术图纸。这有助于降低决策者对专业知识的依赖程度，提高他们对工程的全面理解。同时，决策者可以通过可视化对比不同设计方案的优劣，更科学地作出决策，确保规划设计方案的可行性和经济效益。

二、施工阶段

（一）施工阶段的组织与管理

1. 施工组织的关键问题

施工组织作为水利水电工程实施中的核心环节，涉及多方面的关键问题，包括人员配置、施工流程设计、协调配合等，其高效直接关系到工程的顺利推进和最终的成功。

（1）人员配置的专业性与协同能力

不同专业领域的施工需要不同专业的人员，包括土建工程师、电气工程师、机械工程师等。这些人员需要具备高度的专业性，熟悉相关工程领域的技术规范和操作流程。

在人员配置中，我们还需要考虑到协同能力。不同专业之间的协同工作是施工组织中一个至关重要的方面。例如，在水电工程中，土建和电气工程师需要密切协作，确保水电站的建设既满足结构安全要求，又能有效实现电力的生产和输送。

为了确保人员的专业性和协同能力，施工组织需要建立明确的人员配备计划，确保每个专业领域都有足够数量和合格水平的工程师。此外，培训和沟通机制也是关键，通过培训提升工程师的专业水平，通过有效的沟通机制促进不同专业之间的协同工作。

（2）施工流程设计的合理规划

合理的施工流程能够确保施工活动有序进行，减少冲突和延误，提高工程进度。

首先，施工流程设计需要考虑到各个施工阶段的任务和工作内容。明确每个阶段的工作目标和流程，可以确保施工活动按照计划有序推进。例如，在水利水电工程中，施工流程可以包括勘察设计阶段、基础施工阶段、设备安装阶段等，每个阶段都有明确的工作目标和任务。

其次，我们需要充分考虑工程中可能出现的不确定性因素，如天气、地质条件等。灵活的施工流程设计能够在面对突发情况时迅速调整，确保工程的稳定推进。

为了实现合理的施工流程设计，施工组织需要建立专业的规划团队，深入研究工程的特点和要求，制定科学的流程设计方案。同时，与相关专业领域的专家进行密切合作，充分借鉴其他成功工程的经验，确保施工流程的合理性和可行性。

（3）协调配合的环节顺畅

协调配合不仅仅涉及不同专业工程师之间的沟通，还包括与相关机构、政府监管部门等的合作。

首先，施工组织需要建立高效的沟通机制。这包括定期的工程进展会议、技术交流会等，通过这些渠道及时传递信息、解决问题，确保工程各个环节的协同工作。

其次，需要建立良好的合作关系。与设计院、监理单位、政府监管部门等的合作关系密切，能够在问题发生时迅速协调解决，保证施工不受不必要的阻碍。

2.项目管理的关键问题

项目管理是水利水电工程实施中的关键环节，它涵盖了项目计划、进度控制、成本管理、质量控制等多个方面，对整个工程的推进产生全局性的影响。

（1）合理制订项目计划

项目计划应该全面考虑施工过程中可能遇到的各种不确定性因素，确保在规定时间内完成工程。这包括对施工阶段、工程节点、关键任务的详细规划，以及项目资源、人力、材料等的充分考虑。

在制订项目计划时，我们需要考虑到可能的风险因素，制订相应的风险应对计划。这有助于在面对不可预测的情况时能够迅速提出应对措施，保证工程进度不受过多干扰。

项目管理还需要建立灵活的项目计划调整机制，及时对计划进行修订和优化。这可以根据实际情况对工程计划进行动态调整，确保项目能够适应外部环境的变化，保持整体的可控性和稳定性。

（2）科学建立进度控制机制

通过监控和控制施工进度，我们可以及时发现并解决可能影响工程进度的问题，确保整体施工进程的顺利进行。

进度控制机制应该具备实时性和准确性。使用现代信息技术，如项目管理软件，能够实时监测工程进度，提高对施工过程的监控效果。通过建立阶段性的里程碑，我们可以更好地把控整个工程的推进情况。

项目管理需要设立专门的进度监督团队，负责对工程进度进行跟踪和监控。定期的进度报告和评估，能够及时发现问题，采取有效的措施，保障工程按计划推进。

（3）成本管理与防范成本超支

合理控制工程成本，防范成本超支是项目管理的基本要求。通过科学的成本核算和管控，我们可以避免在施工阶段出现不必要的经济损失。

在成本管理中，我们需要建立科学的成本估算和核算体系。对工程中涉及的各个方面，包括材料、劳动力、设备等进行详细的成本估算，为制定合理的预算提供依据。同时，我们需要建立成本管控机制，对每个环节的成本进行实时监控，确保在可控范围内完成工程。

成本管理还需要预测可能的成本风险，建立成本应对计划。这有助于在面对成本压力时能够迅速应对，降低成本超支的风险。

（4）质量控制体系的建立

在施工阶段，保障工程的施工质量对于工程的长期运行和使用具有重要意义。项目管理需要建立完善的质量控制体系，通过监督和检查确保施工过程中各个环节符合相关质量标准和规范，从而保障工程的整体质量。

质量控制体系应该包括材料采购、施工工艺、施工过程监管等多个方面的内容。建立严格的质量标准，确保每个环节都符合相关规范，能够提高工程的整体质量水平。

项目管理还需要建立专门的质量监督团队，负责对工程质量进行跟踪和监控。定期的质量报告和评估，能够及时发现问题，采取有效的措施，保障工程的施工质量。

（二）先进施工技术的运用

1.现代施工技术的介绍

现代水利水电工程中，先进的施工技术的运用对于提高工程效率、降低施工风险具有显著的意义。现代施工技术涵盖了各个工程阶段，包括施工前期的勘察设计、施工中的机械设备应用、施工后期的检测与维护等方面。

在勘察设计阶段，采用先进的勘察技术和软件工具，如激光扫描、三维建模等，能够更精确地获取工程地质信息，为后续施工提供准确的数据基础。这有助于避免施工中可能遇到的地质风险，提高施工的安全性和稳定性。

在施工中，现代机械设备的应用是提高效率的关键。例如，钻孔机、爆破器、搅拌设备等水利水电工程机械的使用，能够大幅度提高施工速度，减少人力投入，同时降低施工中的劳动强度和安全风险。自动化和智能化的施工机械更是在提高施工效率的同时提高了施工的精度和可控性。

在施工后期，检测与维护也得到了现代技术的支持。传感器技术的应用使得工程结构的监测更加精确和实时，能够预警潜在的结构问题，提高工程的安全性。同时，远程监控技术的运用也使得对工程设施的远程维护更加便捷，可以实时监测工程设备的状态，及时进行维修和保养，延长工程设施的使用寿命。

2.数字化施工管理系统的应用

除了机械设备的先进运用，数字化施工管理系统的应用也是现代水利水电工程施工阶段的重要趋势。这种系统整合了信息技术、通信技术和管理技术，通过建立数字模型、实时监测和数据分析，提高了施工管理的智能化水平。

数字化施工管理系统可以通过实时监测和远程控制，及时发现施工现场的问题并采取相应措施。这有助于防范和减少施工中的突发情况，提高工程施工的安全性。

此外，数字化施工管理系统还能够对施工过程中的数据进行全面分析，为项目管理提供更科学的依据。通过大数据分析，我们可以发现施工中的潜在问题，优化施工流程，提高工程的效率。

三、工程竣工与验收阶段

（一）工程验收的标准与程序

在工程竣工与验收阶段，工程验收的标准与程序是确保工程最终交付质量和安全的关键。

1.制定科学合理的验收标准

（1）建立质量验收标准

在工程验收中，建立科学合理的质量验收标准是确保工程质量的基础。首先，我们需要根据工程的性质和用途确定相应的质量标准。例如，在水利水电工程中，对于水坝的验收可以包括坝体结构的强度、坝基的稳定性、泄洪能力等方面的标准。

其次，质量验收标准应该参考国家相关法规和行业规范，确保在符合国家要求的基础上，兼顾工程的具体情况。这可以通过综合考虑国家标准、地方标准及工程所在地的地质、气候等特殊条件来确定。

最后，建立详细的验收项目清单，明确各个项目的验收标准和要求。例如，对于混凝土结构，可以规定其抗压强度、抗折强度、密实度等具体指标，并确保这些指标符合相关规定。

（2）安全验收标准的制定

安全是工程验收中至关重要的方面，因此我们需要建立科学合理的安全验收标准。首先，我们要明确工程所在行业的安全法规和标准，确保验收标准符合国家和行业的安全要求。

其次，我们需要综合考虑工程的特殊性，确定适用于该工程的安全验收标准。例如，在水电站工程中，我们需要考虑水电站的水工结构、电力设备等因素，以制定相应的安全验收标准。

安全验收标准应包括对施工过程中可能存在的危险源的评估，以及对应的防控措施。通过对工程的安全性进行全面评估，我们可以有效预防事故的发生，确保工程的安全运行。

（3）环境验收标准的确定

环境验收标准是对工程对周围环境的影响进行评估的重要依据。在建立环境验收标准时，我们首先需要考虑工程所在地的环境特点，包括气候、地质、生态系统等因素。

其次，我们需要参考国家和地方的环境法规，确保验收标准符合相关法规的要求。对于水利水电工程，我们可能需要考虑水体的水质、土壤的污染情况、植被的恢复等因素。

最后，建立详细的环境验收项目清单，明确各个项目的验收标准和要求。例如，可以规定排放物的监测标准、植被恢复的时间要求等具体指标。

2.建立完善的验收程序

（1）前期准备阶段

在验收过程中，前期准备是确保验收顺利进行的关键。首先，我们需要收集和整理工程建设过程中的相关资料。这包括设计文件、施工记录、质检报告等各类文件，以便为验收提供全面的依据。此外，确定验收的标准和指标，确保验收的科学性和客观性。

其次，明确验收的组织结构和责任分工。建立验收组织，明确各个成员的职责和任务，确保验收过程中的协调和高效进行。这一阶段还需要确定验收的时间节点和地点，为后续实地检查和数据分析做好准备。

最后，在前期准备阶段，我们还需要与相关部门、专家进行沟通和协商，确保所有的相关方都对验收过程有清晰的了解，并提前解决可能出现的问题，为验收的顺利进行创造良好的条件。

（2）实地检查阶段

实地检查是验收的核心环节，我们需要对工程的各个方面进行仔细的检查和评估。在实地检查阶段，我们首先需要对工程的结构进行检查。这包括建筑物的稳定性、水利工程的水工结构等方面的评估，确保其满足设计和标准的要求。

其次，对工程设备进行全面检查。电力设备、水泵、阀门等设备的运行状态、安全性都需要进行详细的评估，通过专业技术手段，如振动检测、红外检测等，对设备的性能进行科学的评估。

环境检查也是实地检查阶段的重要内容。对工程周边的环境进行评估，包括水质、土壤质量、植被恢复等方面的检查，确保工程对周围环境的影响符合相关法规和标准。

（3）数据分析阶段

数据分析是实地检查的延伸和深化，通过对各项数据的科学分析，得出更为客观、准确的评估结论。首先，我们需要对实地检查中获得的各类数据进行整理和汇总。这包括结构和设备的监测数据、环境数据等。

其次，运用统计学和相关领域的分析方法，对数据进行科学分析。对于结构和设备的检测数据，我们可以采用趋势分析、频谱分析等方法，评估其稳定性和性能。对于环境数据，我们可以采用统计学方法，评估其对周围环境的影响。

最后，基于数据分析的结果，综合考虑工程的各个方面，得出最终的验收结论。这一阶段需要专业的数据分析人员和领域专家的支持，确保评估的科学性和客观性。

3.确保验收结果的公正性

为了保证验收结果的客观性和公正性，验收程序应该建立专门的验收组或委员会，由具有相关专业资质和经验的专家组成，负责对工程进行最终评估。

在验收过程中，我们需要建立严格的记录和文档管理制度，确保验收的每个环节都有详细的记录。这有助于在验收结果出现争议时，能够追溯到具体的检查和评估过程，保障验收的公正性和可靠性。

（二）智能化设备在验收阶段的应用

随着智能化设备的不断发展，其在工程验收中的应用已经愈发广泛。

1. 智能传感器的运用

通过在工程结构、设备等关键部位安装智能传感器，我们可以实时监测工程的运行状态。

（1）智能传感器在工程验收中的运用

首先，智能传感器在结构检测方面发挥着重要作用。通过在工程结构的关键位置安装智能传感器，我们可以实时监测结构的变形、位移等参数。这对于评估工程的结构稳定性、安全性提供了科学的依据。在验收阶段，通过分析传感器数据，我们可以及时发现潜在的结构问题，确保工程的结构符合相关标准和规范。

其次，智能传感器在设备检测方面也具有重要价值。在水利水电工程中，各种设备的运行状态直接关系到工程的正常运行。通过在水泵、阀门、发电机等设备上安装智能传感器，我们可以实时监测设备的温度、振动、电流等参数。这有助于发现设备运行中的异常情况，提前预警可能的故障，确保设备的安全运行。

（2）智能传感器与数据采集系统的整合

智能传感器可以与先进的数据采集系统相连接，实现对数据的自动采集和整合。这对于提高验收数据的准确性和可信度具有重要意义。自动采集数据，减少了人工操作的可能误差，保证了数据的真实性。

数据采集系统可以实时监测传感器的输出，并将数据上传至云端或本地服务器进行存储和分析。这使得验收人员可以随时随地获取最新的监测数据，更全面、及时地了解工程的运行状态。

此外，数据采集系统还可以利用人工智能和大数据分析技术，对大量的监测数据进行深度分析。通过建立预测模型和故障诊断系统，我们可以提前发现潜在问题，实现对工程的智能监控和管理。

（3）智能传感器的应用效益

首先，智能传感器的应用提高了验收的科学性。实时监测和自动采集数据，减少了主观因素的影响，使得验收结果更加客观、准确。这有助于确保工程的结构和设备达到相关标准，提高了验收的科学性和可信。

其次，智能传感器的运用提高了验收的全面性。智能传感器可以覆盖工程的各个方面，包括结构、设备、环境等多个维度的监测。这使得验收人员可以全面了解工程的运行状态，及时发现和解决各类问题，确保工程的整体质量。

最后，智能传感器的应用提高了验收的效率。自动采集和整合数据减少了人工的操作时间和成本，使得验收过程更加高效。同时，通过智能传感器和数据采集系统的整合，验收人员可以更方便地获取和分析数据，提高了验收的工作效率。

2. 无人机技术的运用

（1）无人机技术在工程验收中的运用

首先，无人机的航拍技术为工程验收提供了全新的视角。通过搭载高分辨率摄像头，无人机可以在高空中对工程现场进行全方位的观察，获取清晰详细的影像数据。在验收阶段，这种技术可以用于对工程建筑结构、设备安装等情况进行快速全面的检查。验收人员可以通过实时视频或拍摄的图片，迅速获取大范围的图像数据，更全面地了解工程的整体状况。

其次，无人机的高空俯瞰功能有助于查看传统验收方式难以覆盖的区域。工程现场常常存在难以进入或不易接近的地方，而无人机可以灵活飞行，轻松获取到这些难以触及的区域的信息。这使得验收工作更加全面，有助于发现潜在问题，提高验收的准确性。

（2）无人机搭载传感器的应用

在无人机技术的发展中，搭载各类传感器的应用逐渐成为一个重要趋势。在工程验收中，无人机可以搭载红外相机、激光雷达等高科技传感器，用于检测工程结构的温度、变形等情况。这些传感器可以在无人机飞行时实时采集数据，为验收提供更加丰富和精准的信息。

例如，红外相机可以用于检测结构的温度分布，从而发现可能存在的问题或隐患。激光雷达则可以测量工程结构的几何形状，用于评估建筑物的垂直度和水平度。这些传感器的应用使得验收更加科学化，有助于发现工程运行中的异常情况，及时采取措施进行修复。

（3）智能化与高效化的验收工作

无人机技术的运用使得验收工作更加智能化和高效化。通过无人机的快速飞行和灵活操作，我们可以在短时间内完成对工程大范围区域的监测。这节省了人力和时间成本，提高了验收的效率。同时，高科技传感器的运用使得验收数据更加精准，为验收人员提供了更全面、详细的信息，有助于科学决策。

无人机技术的应用不仅提高了验收的全面性和准确性，同时也改变了传统验收方式的局限性。通过结合航拍技术和高科技传感器，工程验收可以更加全面、细致地了解工程的各个方面，为工程的最终交付提供了更加科学和可靠的依据。

3. 智能化设备的数据分析

首先，智能化设备通过先进的数据分析技术，能够实现对传感器采集到的大量数据的实时分析和处理。利用人工智能算法，我们可以更加准确地识别和分析数据中的模式、趋势，从而提供更精确、全面的验收结果。这种数据分析的高度智能性使得验收工作更为科学化和精密化。

其次，智能化设备的数据分析能够为验收人员提供更多有价值的信息。通过深度学习和模型训练，我们可以识别出数据中的关键特征，帮助验收人员更全面地了解工程的运行状况。例如，在建筑结构方面，智能化设备可以通过分析传感器采集到的振动、应变等数据，帮助评估结构的健康状况。

智能化设备的数据分析不仅可以提供对当前工程状态的详细了解，还能帮助预测工程设施的未来运行状况。通过建立预测模型，结合历史数据和实时数据，我们可以预测工程在未来可能出现的问题，为验收人员提供提前发现和干预的机会。这对于工程的长期稳定性和可持续性具有重要意义。

预测功能可以应用在多个方面，例如设备的寿命预测、结构的耐久性评估等。通过分析设备运行过程中的各项指标，智能化设备可以帮助制订更加科学合理的维护计划，提高工程的整体运行效率。

再次，智能化设备的数据分析还有助于发现工程中可能存在的问题。通过监测数据的异常变化，智能系统可以及时发出警报，提醒验收人员可能需要关注和解决的地方。这种主动式的问题识别和应对机制有助于提高工程的安全性和可靠性。

最后，智能化设备数据分析的结果也为验收人员提供了更多的决策支持。在面对多变的工程条件和数据信息时，智能系统可以通过综合分析，为验收人员提供更科学、合理的决策建议。这有助于提高验收的准确性和工程的整体质量。

第三节　工程施工中的挑战与需求

一、当前施工面临的挑战

（一）环境保护与生态平衡的挑战

1.水土流失的环境问题

（1）水土流失的背景和原因

水利施工是为了有效利用水资源和改善生态环境，然而，在工程实施的过程中，大量土地裸露在外，成为水土流失的重要源头。这一问题的根本原因在于施工过程中地表覆盖的减少，使得土壤暴露在风雨的侵蚀之下。同时，施工现场的地形起伏、土壤类型等因素也会影响水土流失的程度。

（2）水土流失对施工区域的影响

第一，地貌和土壤结构的变化。水土流失导致施工区域地貌的剧烈变化，可能形成沟壑纵横的地貌特征。土壤结构遭受破坏，造成表层土壤的流失，影响土壤的肥力和抗风化能力。

第二，水资源污染的潜在威胁。流失的土壤中可能富含各种污染物，如化肥、农药等。这些物质在水流的冲刷下可能进入周边水体，对水资源造成潜在威胁，引发水体污染，危害水生态系统。

2.水质污染问题

（1）水质污染的来源和成因

水利施工过程中，存在多种可能导致水质污染的来源，主要包括：

第一，施工废水。由于施工过程中使用的液体材料、清洗剂等可能含有有害物质，施工废水可能带有各种化学成分，成为水质污染的主要来源之一。

第二，化学物质排放。施工现场可能产生一系列化学物质，如油脂、涂料中的挥发性有机物（VOCs）等，这些物质通过气体或颗粒物的形式进入水体，对水质产生影响。

（2）水质污染对施工区域及周边水体的影响

第一，生态系统受损。污染物进入水体后，可能对水中生物产生毒性作用，损害水生生物的生存繁衍，导致水生态系统失衡。

第二，水资源利用受限。污染水体影响了水资源的质量，限制了施工区域及周边地区对水资源的利用。这对工程后续的运行和生态环境的维护都构成了挑战。

（3）不同类型污染的影响

第一，化学物质污染。某些有害物质（如重金属、有机物等）可能对水生生物和人类健康产生潜在威胁。它们在水中蓄积，通过食物链传递，进一步扩大了污染范围。

第二，废水污染。施工废水中可能包含大量悬浮物、溶解物和生物有机物，对水体的透明度、氧含量等产生影响，影响水生生物的生存状况。

（4）水质污染治理的挑战

第一，复杂性。不同施工阶段和项目类型产生的污染物有很大差异，治理难度较大，我们需要制定具体、针对性的治理措施。

第二，监测和预警。水质污染治理需要通过系统的监测手段，及时发现和预警可能出现的水质问题，我们需要建立全面的监测网络。

第三，法规和标准。制定和执行相关法规和标准，以规范施工过程中的废水排放和化学物质管理，确保水质得到保护。

（二）新技术引入带来的技术挑战

1．新技术适用性的评估

（1）场景特异性的挑战

水利施工在引入新技术时，面临的首要挑战是评估这些技术在具体场景中的适用性。不同水利工程项目存在差异，包括地质条件、气候特点等，因此，新技术的适用性需经过深入评估。例如，在某些特殊地质条件下，新型的水土保持措施可能需要重新考虑其效果。

（2）地域差异性的考量

水利施工项目通常分布在不同的地理区域，而新技术的效果可能受到地域差异的影响。在进行适用性评估时，我们需要考虑不同地区的环境条件、土壤类型等因素，以确保新技术能够在不同地理背景下发挥最佳作用。

2．工程人员的培训和适应

（1）技术素养提升的难度

引入新技术要求水利工程人员具备相应的技术素养，这带来了培训和适应方面的挑战。新技术通常涉及先进的工程理论和操作方法，因此，管理团队需要设计系统的培训计划，确保工程人员在技术层面上有足够的理解和熟练操作。

（2）问题解决能力的培养

培训不仅仅应关注技术操作，还需注重培养工程人员解决新技术可能遇到问题的能力。这需要通过实际案例、模拟演练等方式，提高工程人员对新技术应用中问题的识别和解决能力。

3．设备升级的管理

（1）设备兼容性的挑战

新技术引入通常伴随着对设备的升级需求，管理团队在此过程中需要面对设备兼容性的挑战。新技术可能对设备性能、数据接口等方面提出新的要求，管理团队需要精准制订设备升级计划，确保设备与新技术的紧密结合。

（2）供应链协作的关键性

设备升级的成功实施需要与设备供应商建立紧密的沟通与协作关系。供应商需要了解新技术的需求，提供符合要求的设备，并及时提供支持和维护服务。管理团队需建立健全的供应链管理机制，确保设备升级的顺利进行。

二、行业需求的变化与发展趋势

1. 生态、社会和经济的协调发展

随着社会对可持续发展的日益关注，水利水电工程在施工中面临着增加的可持续发展需求。这要求在规划和设计阶段就要综合考虑工程的可持续性，实现生态、社会和经济的协调发展。在实际操作中，我们需要注重以下几个方面：

（1）规划阶段的可持续性考虑

在规划工程时，我们要考虑生态系统的保护，社会责任的履行及经济效益的最大化。这可能涉及环境影响的评估、社区参与和经济可行性分析等。

（2）绿色建筑材料和节能技术的采用

在施工过程中，可持续发展要求采用更多的绿色建筑材料，推动节能技术的应用。这包括使用可再生和环保的建筑材料，以及引入先进的节能技术，减少对自然资源的消耗。

（3）再生能源的应用

可持续发展还要求在工程中推动再生能源的应用，减少对传统能源的依赖。这包括在水利工程中采用水力发电，以及在水电站周围开发风能等再生能源。

2. 先进管理理念的应用

（1）敏捷管理和精益施工的关键性

先进管理理念如敏捷管理和精益施工已成为推动工程效率和质量提升的关键。在应对这一趋势时，施工团队需要不断学习和引入这些理念，以灵活的管理方式和精益的工作流程来适应工程变化和优化施工过程。

（2）团队培训的重要性

引入敏捷管理和精益施工需要对施工团队进行培训，提高团队对这些管理理念的理解和运用能力。这可能包括组织专业的培训课程、研讨会及与领域专家的交流。

（3）监测和反馈机制的建立

为确保管理理念的有效实施和施工过程的不断优化，我们需要建立相应的监测和反馈机制。这可能包括引入先进的项目管理软件、实施实时监测系统，以及定期进行绩效评估。

第三章　水利水电工程施工技术概述

第一节　传统施工技术回顾

一、传统工程施工方法总结

传统水利水电工程施工方法涵盖多个方面，其中主要包括土石方工程、混凝土施工和爆破技术。

（一）土石方工程

1. 土石方工程的挖方过程

（1）挖方方法与工艺

土石方工程的挖方是指将地基中的土方挖出，为后续的工程施工创造必要的条件。挖方可以采用人工挖掘或机械设备进行，具体选择取决于工程的规模和要求。在大型水利水电工程中，我们通常采用挖掘机等大型机械设备，以提高挖方效率。

（2）挖方深度和形状的控制

挖方深度和形状的合理控制对工程地基的稳定性至关重要。通过先进的测量和控制技术，我们可以确保挖方的深度符合设计要求，并在挖掘过程中避免发生坍塌等安全问题。挖方的形状控制涉及地基的轮廓和边坡的处理，我们需要综合考虑地质条件和工程要求。

2. 土石方工程的填方过程

（1）填方原材料选择

填方是指将挖方后的土方或其他填料填充到相应的位置，用于平整地基。填方原材料的选择需根据工程地质特点，包括土方的类型、含水量等进行科学的筛选和配比，确保填方后的地基具有足够的稳定性和承载能力。

（2）填方的均匀性和高度控制

在填方过程中，我们需要保证填充物的均匀性分布和填方高度的一致性。通过合理的填方工艺和技术手段，如推土机等机械设备的运用，我们可以有效控制填方的均匀性，防止出现高低差异，确保地基的平整度。

3.土石方工程的平整过程

（1）平整机械设备的选择

土石方工程的平整过程通常需要使用专业的平整机械设备，如平地机、摊铺机等。这些设备能够对填方后的地基进行精细平整，确保地表平坦度满足设计和施工要求。

（2）平整度检测和调整

在平整过程中，我们使用激光平整仪等高精度设备对地基表面进行检测。及时发现和调整不平整的区域，确保土石方工程的最终平整度符合设计标准，提高工程的整体质量。

（二）混凝土施工

1.混凝土搅拌过程

混凝土搅拌是混凝土施工的关键环节之一，其质量直接关系到最终结构的强度和稳定性。以下是混凝土搅拌过程的主要步骤和控制手段：

（1）原材料准备

要确保混凝土原材料准备充分。水泥、骨料、粉煤灰等原材料的种类和比例需按设计要求准确配制。

（2）搅拌设备选择

选择适用于工程规模和混凝土性质的搅拌设备。我们可以根据施工需要选择强制式搅拌机、双轴搅拌机等不同类型的设备。

（3）搅拌时间控制

控制混凝土搅拌的时间，确保搅拌充分而不过度。过短的搅拌时间可能导致混凝土不均匀，而过长则可能影响混凝土的性能。

2.混凝土浇筑阶段

混凝土浇筑是将搅拌好的混凝土倒入模具或工程结构中的过程，对浇筑过程的质量控制至关重要：

（1）模具准备

在浇筑前，我们需对模具进行检查和清理，确保模具表面光滑、无损伤。

模具的准备工作直接关系到最终混凝土结构的表面质量。

（2）浇筑顺序

确定合理的浇筑顺序，避免混凝土在模具中出现气泡、空隙等缺陷。通常，从低部分到高部分、从远离出料口到靠近出料口的方向进行浇筑。

（3）振捣处理

在浇筑过程中进行振捣处理，消除混凝土中的气泡，提高混凝土的密实性。振捣设备的选择和使用方式需符合工程要求。

3.混凝土养护阶段

混凝土养护是确保混凝土达到设计强度和耐久性的关键环节，其控制手段包括：

（1）湿养措施

在混凝土初凝后，采取湿养措施，防止水分过早蒸发。覆盖湿润的麻袋、湿棉布等材料，或喷水进行湿养。

（2）温度控制

对于低温环境，采取保温措施，确保混凝土的早期强度发展。对高温环境，要避免混凝土表面过度快速干燥。

（3）养护时间

根据混凝土性能和环境条件，合理确定养护时间。养护时间过短可能影响混凝土强度的发展，而养护时间过长则可能导致工期延长。

（三）爆破技术

1.爆破技术的基本原理

（1）药物选择

爆破技术的基本原理是利用引爆药物产生的爆炸波来实现对岩石的破碎。在选择药物时，我们需要考虑岩石的硬度、密度等因素，确保选择的药物能够产生足够的爆炸能量。

（2）装药方式

药物的装药方式影响爆破效果，我们通常采用在岩石孔洞中装入药包，通过导爆管引爆，使药物产生爆炸。合理的装药方式可以提高岩石的破碎效果，减少能量的损失。

（3）爆破参数控制

爆破参数，如爆破孔的布置、深度、直径等，需要根据岩石的特性和工程要求进行合理设计和控制。精确的参数控制有助于实现预期的爆破效果，避免对周围环境和结构造成不必要的影响。

2. 爆破技术的应用领域

（1）坝基开挖

在水坝建设中，坝基的岩石通常需要进行开挖，以为坝基腾出足够的空间。爆破技术可以有效地加速岩石的破碎和清理，提高坝基开挖的效率。

（2）隧道掘进

在隧道工程中，我们经常需要穿越坚硬的岩层，采用爆破技术可以降低隧道掘进的难度，减少机械设备的磨损，提高施工效率。

3. 爆破技术的安全操作

（1）爆破方案设计

在实施爆破之前，我们需要制定详细的爆破方案，包括孔位、装药方式、爆破参数等。方案应经过专业人员的审查和批准，确保安全性和可控性。

（2）爆破现场管理

在爆破现场，我们需要实施严格的安全管理措施，包括设立爆破警戒区、限制人员进入爆破区域等，以最大程度减小爆破带来的潜在风险。

（3）监测和评估

在爆破后，我们需要对爆破效果进行检测和评估，确保没有残留岩石威胁到后续施工和周边环境的安全。

二、传统技术的优缺点分析

（一）优点

1. 经验积累的优势

（1）丰富的实际应用经验

传统水利工程施工方法在长期的实际应用中积累了丰富的经验，工程团队对其操作流程非常熟练，能够高效地完成各项任务。

（2）易于传承和学习

由于传统技术在历史上的广泛应用，相关经验易于传承。新一代施工人员可以通过学习老一辈工程师的实际经验，更快地掌握施工技术，确保施工质量。

2. 成本相对较低的优势

（1）不需高端技术设备

传统水利工程施工通常不需要昂贵的高端技术设备，相比于一些现代化的施工方法，成本相对较低。这使得传统技术在一些基础设施建设项目中更具竞争力。

（2）适用于有限预算的项目

对于一些有限预算的水利工程项目，传统技术由于其成本相对较低，成为一种经济实用的选择，使得一些基础设施得以建设和维护。

3. 操作灵活性的优势

（1）适应不同地质条件

传统水利工程施工方法，特别是土石方工程等，具有较强的适应性，能够在不同地质条件下进行操作。这种操作灵活性使得传统技术在各种地理环境下都能发挥作用。

（2）适应不同气候条件

由于传统技术的操作方式相对简单，更容易适应不同气候条件。对于一些气候多变的地区，传统技术在施工中的可靠性更具优势。

（二）缺点

1. 施工效率相对较低

（1）依赖人工和简单机械设备

传统水利工程施工方法在很大程度上依赖人工操作和简单机械设备，因此施工效率相对较低。对比于现代化工程所采用的高效自动化设备，传统技术在处理大规模工程时可能无法满足快速完成的需求。

（2）限制大型工程的需求

在大型水利工程中，传统施工方法可能因施工效率低下而难以满足工程的迫切需求。这尤其在紧急情况下，如防洪工程、抢险救灾等方面更为明显。

2. 对环境的影响

（1）爆破技术的环境问题

传统施工方法中采用的爆破技术可能对周边环境产生较大的负面影响。爆破过程中产生的噪声、震动等可能导致环境污染，对当地的生态系统造成潜在威胁。

（2）挖方和填方的生态影响

大规模的土石方工程对地表植被和土壤结构可能造成破坏，引发水土流失等环境问题。这些问题不仅影响施工区域，也可能对周边的自然环境产生长期性的不良影响。

3.不适用于复杂工程

（1）工程质量和施工周期的要求

在一些复杂的水利水电工程中，传统施工方法可能无法满足工程质量和施工周期的高要求。这些复杂工程可能涉及复杂的地质条件、大规模的水工结构或复杂的水利设备，需要更先进的技术和方法来应对。

（2）需要更高的工程管理水平

一些复杂工程可能需要更高水平的工程管理，包括更严格的质量控制、施工过程的实时监测等，传统方法可能相对滞后，无法满足这些需求。

第二节　现代水利水电工程施工技术趋势

一、先进施工技术的涌现

随着科技的不断进步，现代水利水电工程施工技术呈现出许多先进的趋势，包括：

（一）BIM 技术在水利水电工程中的应用

1.全过程可视化管理

（1）数字化建模的项目规划

第一，详细项目数据采集。在水利水电工程的规划阶段，BIM 技术通过全面的数据采集，包括地理信息、地质勘察数据、气象条件等，为项目规划提供了翔实的基础信息。

第二，三维可视化规划。BIM 技术通过三维建模，将工程地理环境以立体形式呈现，有助于工程团队更好地理解地形特征、水流情况及周边环境，为工程设计和规划提供直观的参考。

（2）集成信息的工程设计

第一，多专业数据整合。BIM 技术将来自不同专业领域的数据进行整合，包括结构设计、水文水资源、环境影响等方面的信息。这种集成有助于确保各个专业领域的设计协同工作，减少设计阶段的潜在冲突。

第二，模拟工程场景。利用 BIM 技术，设计团队能够模拟不同设计方案在实际场景中的表现，评估设计的合理性和可行性。这为工程设计提供了更为直观和全面的了解。

（3）施工阶段的实时数据支持

第一，工程进度与资源管理。在施工阶段，BIM 技术能够实时监测工程的进度，提供资源的动态管理，确保施工过程按照设计要求进行，有助于防范潜在的延误和问题。

第二，可视化的施工过程。利用 BIM 技术，施工团队可以实现对施工过程的可视化监测。通过将实际施工情况与数字模型进行对比，我们能够及时发现和纠正施工中的问题，提高施工效率和质量。

（4）运营阶段的数据持续管理

第一，维护与运营的智能决策。BIM 技术提供了设施管理的全过程信息，包括建筑构件的历史数据、维护记录等。这有助于运营团队进行智能决策，实现设施的长期可持续运营。

第二，实时监测与反馈。在运营阶段，BIM 技术能够实时监测设施的运行状况，通过传感器数据反馈，帮助运营团队及时发现和解决潜在问题，提高水利水电工程的整体效能。

2.冲突检测与协同

（1）设计阶段的冲突检测

第一，多专业模型整合。在设计阶段，BIM 技术整合各专业的模型，包括结构、水文水资源、电气等，通过全面性的模型检测，我们可以发现设计中存在的各种冲突，如空间冲突、工程流程冲突等。

第二，实时协同修改。一旦检测到冲突，BIM 技术能够实时通知相关团队成员，并支持团队协同进行修改。这有助于及时解决设计中的问题，减少后期的变更成本。

（2）施工阶段的冲突检测

第一，施工过程仿真。利用 BIM 技术，我们可以在虚拟环境中模拟施工过程，检测施工中可能发生的冲突情况，包括设备运输路线、施工人员协同等。

第二，实时问题解决。BIM 技术不仅检测冲突，还能够实时反馈问题并提供解决方案。这有助于施工团队及时调整计划，确保工程按照设计要求进行。

（3）协同工作的增强

第一，信息共享平台。BIM 技术作为一个信息共享平台，促进了各专业之间的协同工作。设计、施工、管理等团队可以在同一平台上实时查看和更新项目信息。

第二，实时协作与反馈。BIM 技术支持多人实时协同操作，团队成员可以通过云端平台共同编辑模型，及时沟通并提供反馈。这种实时协同有助于解决问题，确保项目进度。

（二）先进的机械设备在水利水电工程中的广泛应用

1.大型挖掘机的应用

首先，挖掘机的技术特点。大型挖掘机采用先进的液压系统和强大的动力系统，具备更大的挖掘深度和挖掘力，适用于各种复杂地质条件下的土石方工程。

其次，挖掘机在土石方工程中的作用。大型挖掘机可以高效地进行土石方的开挖、挖掘、运输等作业，对提高挖方速度、降低作业成本起到了关键作用，其广泛应用在水利水电工程中，如河道清淤、坝基开挖等。

再次，挖掘机的自动化与智能化。先进的大型挖掘机配备先进的自动化系统，能够通过传感器实现对周围环境的感知，并进行智能化操作。这提高了挖掘的准确性，降低了人为操作误差，从而提高了整个土石方工程的施工效率。

最后，挖掘机的可持续性。先进挖掘机在设计上考虑了能源利用效率，采用高效动力系统和节能技术，实现对能源资源的优化利用，符合可持续发展的理念。

2.混凝土泵车的广泛应用

首先，混凝土泵车的结构和工作原理。先进的混凝土泵车通过泵送系统将混凝土从搅拌车输送到施工现场，实现了混凝土的远距离、高层次输送。其结构包括液压系统、输送管道和泵送装置等。

其次，混凝土泵车在混凝土施工中的优势。先进的混凝土泵车能够在施工现场灵活移动，实现高空、远距离的混凝土浇筑，提高了施工的灵活性和效率。尤其在水利水电工程中，如坝体、水闸等结构的施工，混凝土泵车发挥了关键作用。

再次，混凝土泵车的自动化控制。先进混凝土泵车配备智能化控制系统，可以实现混凝土浇筑过程的自动控制。对泵送流量、压力等参数的实时监测和调整，提高了混凝土的浇筑质量，降低了人为操作误差。

最后，混凝土泵车的可持续性。先进混凝土泵车采用高效的液压系统和动力装置，提高了能源利用效率，减少了能源浪费，符合可持续发展的要求。

3.智能化机械的推动

首先，智能挖掘机的特点。先进的智能挖掘机集成了先进的传感器技术和自动控制系统，具备自主导航、自动挖掘等功能。在水利水电工程中，这种机械的引入提高了施工的智能化程度。

其次，自动化混凝土搅拌车的应用。先进的自动化混凝土搅拌车能够通过搅拌系统自动控制混凝土的搅拌过程，实现搅拌质量的稳定控制。这提高了混凝土质量的一致性，降低了人为操作带来的变量。

再次，智能化机械的远程监控。先进机械设备普遍具备远程监控功能，通过实时数据传输和分析，工程团队可以在远程对机械设备进行监控和调整。这种远程监控提高了施工的实时性和精确性，有助于及时发现和解决问题。

最后，智能化机械的协同作业。先进机械设备之间通过信息共享和协同操作，实现施工过程的智能协同。例如，智能挖掘机和混凝土泵车的协同作业，可以实现土方开挖和混凝土浇筑的有机配合，提高了整个施工流程的协同效率。

二、先进施工技术对工程的影响

（一）提高效率

1.先进施工技术的自动化应用

（1）自动挖掘机的先进技术应用

首先，挖掘机的智能感知系统。先进的自动挖掘机配备了高精度的传感器和感知系统，能够实时感知周围环境，包括地质条件、障碍物等。这为挖掘机在不同地质条件下的自主操作提供了可靠的数据支持。

其次，自主导航与路径规划。先进自动挖掘机具备自主导航功能，通过激光雷达、GPS等技术，实现在工程场地的自主定位和路径规划。这使得挖掘机能够按照预定路径进行作业，提高了施工的准确性和效率。

再次，远程监控和操作。先进挖掘机支持远程监控和远程操作，工程人员可以通过网络对挖掘机进行实时监测和调整。这种远程操作方式有助于减少现场人员的安全风险，提高了挖掘机的利用率。

最后，挖掘机的数据记录与分析。先进挖掘机能够记录施工过程中的各项数据，包括挖掘深度、挖掘速度等。通过分析这些数据，工程团队会详细了解施工过程，有助于优化施工方案。

（2）自动搅拌车的高效搅拌与泵送技术

首先，混凝土搅拌的自动化控制系统。先进自动搅拌车配备先进的控制系统，通过实时监测混凝土搅拌过程中的参数，自动调整搅拌时间、搅拌速度等。这提高了混凝土的均匀性和强度。

其次，高效泵送系统的应用。先进自动搅拌车集成了高效的混凝土泵送系统，能够实现远距离、高层次的混凝土输送。这在水利水电工程中特别重要，例如在坝体施工过程中，其可以通过泵送系统实现混凝土的高空浇筑。

再次，混凝土质量实时监测。先进搅拌车配备了混凝土质量实时监测装置，能够在搅拌和泵送过程中对混凝土的质量进行实时监测。这有助于及时发现搅拌异常，确保施工质量。

最后，搅拌车的智能故障诊断。先进搅拌车配备智能故障诊断系统，通过传感器对设备状态进行监测。一旦发现异常，系统可以自动发出警报并提供可能的解决方案，减少了因设备故障导致的停工时间。

2.数字化建模与虚拟现实技术

（1）数字化建模技术的深入解析

首先，BIM技术的核心概念。建筑信息模型（Building Information Modeling，BIM）是一种基于信息的数字化建模技术，它通过集成建筑和基础设施项目的各个方面的信息，创造出一个全面、协调的项目模型。

其次，三维建模的精准性。BIM技术以三维建模为基础，通过将建筑、结构、设备等要素以三维形式呈现，实现了对项目的精准建模。这种精准性为工程团队提供了一个可视的平台，更好地理解和规划项目。

再次，数据驱动的全生命周期管理。BIM不仅仅是三维建模，更注重各种数据的应用。从设计、施工到运营和维护，BIM都能提供包括成本、进度、材料等在内的全方位数据支持，实现全生命周期管理，提高工程效率。

最后，协同性与信息共享。BIM技术强调协同作业，不同专业领域的团队可以在同一平台上进行数据共享和协同编辑。这有助于降低信息孤岛，提高整个工程团队的工作效率。

（2）虚拟现实技术的融合应用

首先，虚拟现实技术的基本原理。虚拟现实（VR）技术通过将用户沉浸到计算机生成的虚构环境中，使其感觉好像身临其境。这种技术通过头戴式显示器、手柄等设备实现。

其次，VR在建筑领域的应用。在建筑领域，VR技术可以用于创建虚拟模型，使设计师和工程师能够亲身体验项目的感觉。这有助于他们更好地评估设计方案，发现潜在问题。

再次，虚拟施工过程的模拟。工程团队可以利用VR技术模拟整个施工过程，观察不同阶段的交互和影响。这使得施工团队能够提前发现潜在问题，并根据需要优化施工方案。

最后，虚拟现实与 BIM 的结合。BIM 技术与 VR 的结合，可以实现更加真实和直观的虚拟建模体验。通过将 BIM 模型导入 VR 环境，用户可以在虚拟空间中自由移动，更全面地了解项目的细节。

（3）数字化建模与虚拟现实技术的协同作用

首先，提前问题发现与解决。BIM 技术的数字化建模使得工程团队能够在设计阶段就建立项目模型，并通过虚拟现实技术在三维空间中亲身体验。这有助于及早发现设计或施工中的问题，减少后期调整和修改。

其次，施工方案的优化。通过在虚拟环境中模拟施工过程，工程团队可以更好地理解项目的复杂性。这有助于他们优化施工方案，提高施工效率，减少资源浪费。

再次，项目沟通与协作。BIM 技术和虚拟现实技术的结合，使得不同专业领域的团队可以更直观、清晰地理解设计和施工方案。这有助于提高项目团队之间的沟通效率，减少信息误解。

3. 先进机械设备的广泛应用

（1）大型挖掘机的广泛应用

首先，挖掘机的技术创新与发展。大型挖掘机的广泛应用得益于挖掘机技术的不断创新。先进的液压系统、高强度耐磨材料的采用及智能化控制系统的引入，使得大型挖掘机在水利水电工程中具备更高的挖掘深度、更大的作业范围和更强的适应能力。

其次，挖掘机在土石方工程中的作用。大型挖掘机在水利水电工程的土石方工程中扮演着关键角色。通过先进的挖掘机械，我们可以实现对大量土石方的快速开挖和平整，为后续工程创造良好的基础条件。

再次，自动化与智能化的融合。先进挖掘机的自动化与智能化水平不断提高。通过先进的传感器和控制系统，挖掘机能够实现自主作业、智能路径规划等功能，减轻了人工操作的负担，提高了施工效率。

最后，挖掘机的多功能性。大型挖掘机不仅仅用于土石方工程，还可以在水利工程中用于河道清淤、渠道修复等工作。其多功能性使得挖掘机成为水利水电工程中不可或缺的通用工程机械。

（2）混凝土泵车的技术创新与应用

首先，混凝土泵车的工作原理。混凝土泵车是将混凝土通过管道输送到施工现场的特种车辆。先进的混凝土泵车采用液压系统，能够将混凝土快速、高效地泵送到需要的位置，包括远距离、高层次的施工场地。

其次，高效搅拌与泵送技术的融合。先进混凝土泵车集成了高效的混凝土搅拌和泵送技术。这种融合使得混凝土能够在搅拌的同时被迅速泵送，提高了混凝土的均匀性和强度，适用于水利水电工程中对混凝土质量要求较高的场合。

再次，远程控制与自动化系统。先进混凝土泵车配备了远程控制系统，可以通过遥控设备对泵送过程进行实时监控和调整。自动化系统能够智能地调整搅拌和泵送的参数，提高了施工的精确性和效率。

最后，泵送高强混凝土的应用。在水利水电工程中，特别是对坝体进行混凝土浇筑时，混凝土泵车可以通过泵送系统实现对高强混凝土的输送。这种应用方式极大地提高了施工的灵活性和适用性。

4.远程监控与数据分析

（1）大型挖掘机的广泛应用

首先，挖掘机技术的进步。大型挖掘机作为土石方工程的主力设备，随着技术的不断进步，其挖掘深度、作业范围和精度都得到了显著提升。先进的液压系统和智能化控制使得挖掘机能够更加灵活、高效地进行土方开挖。

其次，特殊工况下的应用。在水利水电工程中，由于地质条件的多样性，挖掘机往往需要在复杂、恶劣的环境下作业。先进的挖掘机配备了多种工作装置和附件，能够适应不同地质情况，保证施工的顺利进行。

再次，挖掘机与 BIM 技术的结合。BIM 技术与大型挖掘机的结合，使得工程团队可以在数字模型中模拟挖掘机的运作，预测潜在问题，优化挖掘方案。这为工程施工提供了更为精细的规划和管理手段。

最后，挖掘机的自动化应用。先进挖掘机引入了自动化技术，通过激光雷达、GPS 等系统，实现了挖掘机的自主导航和自动化操作。这降低了对人工操作的需求，提高了施工效率。

（2）混凝土泵车的先进应用

首先，混凝土泵车的机械结构。先进混凝土泵车具备高效的泵送系统，能够将混凝土从搅拌站输送到施工现场，包括远距离和高楼层的输送。先进的机械结构保证了混凝土的稳定输送，提高了施工效率。

其次，泵送系统的智能化控制。先进混凝土泵车配备了智能化的泵送控制系统，通过实时监测混凝土流量、压力等参数，实现对泵送过程的精确控制。这有助于提高混凝土的均匀性和减少浪费。

再次，应对不同工程需求。水利水电工程中，施工场地常常面临复杂多变的情况，例如坝体施工需要在高空作业。先进混凝土泵车通过不同的工作装置，可以适应不同高度和工程需求，确保混凝土的准确浇筑。

最后，混凝土质量实时检测。先进混凝土泵车配备了混凝土质量实时监测系统，通过传感器对混凝土的质量进行实时监测。这有助于及时发现搅拌异常，确保混凝土质量符合工程要求。

（二）提升工程质量

1. 精准测量与定位技术的应用

（1）全站仪的高精度测量

随着全站仪技术的不断发展，其在土石方工程和混凝土施工中的应用成为提升测量准确度的关键。全站仪能够实现对施工现场的三维坐标高精度测量，为工程提供准确的基础数据。

（2）激光测距仪的远程测量

先进的激光测距仪可以实现远距离的高精度测量，特别适用于大型水利水电工程中需要测定远距离的情况。这种技术的应用提高了测量的远程性和准确性。

（3）定位技术在工程管理中的作用

先进的定位技术，如差分 GPS、卫星定位系统等，能够实现对工程现场各个设备和材料的精准定位。这为施工过程中的协同作业提供了高效的定位服务，降低了误差和碰撞风险。

（4）数字化测绘与数据分析

通过数字化测绘技术，测量数据转化为数字模型，这有助于工程团队更直观地理解工程地形和结构。结合数据分析，工程团队可以识别潜在问题，提前制定解决方案，确保施工的精准性。

2. BIM 技术的三维建模

（1）全过程的可视化管理

BIM 技术通过三维建模，实现了对工程全过程的可视化管理。设计师、工程师和业主可以在虚拟环境中共同参与，直观了解工程的结构、材料和设备布局，为决策提供更为直观的依据。

（2）设计与实际施工的对比

BIM 模型可以用于比较设计图纸和实际施工情况之间的差异。通过这种对比，工程团队可以发现潜在的问题，及时调整施工方案，确保工程按照设计标准进行。

（3）冲突检测与协同作业

BIM 技术不仅提供了三维建模，还包括对不同系统的模拟，例如结构、电气和管道系统。这有助于在设计阶段检测系统之间的冲突，提前解决问题，减少施工中的调整。

（4）数据驱动的全生命周期管理

BIM 技术将设计、施工、运营的信息整合在一个平台上，实现全生命周期的数据管理。这种数据驱动的管理有助于优化工程进度，提高工程的整体效益。

3.先进材料和施工工艺的应用

（1）高性能混凝土的使用

先进的建筑材料，如高性能混凝土，具有更高的强度和耐久性。在水利水电工程中，这种材料的应用能够提高结构的承载能力和抗风险能力。

（2）新型防水材料的应用

先进的防水材料能够有效防止水渗透，提高工程的抗水性。特别是在水利工程中，新型防水材料的应用减少了水工结构的损耗，延长了工程的使用寿命。

（3）先进施工工艺的推广

先进的工艺技术，如预制装配和模块化建造，能够提高土石方工程和混凝土施工的质量。这种工艺的应用减少了施工现场的不确定性，提高了构建的一致性。

4.智能化机械设备的精准施工

（1）智能挖掘机的精确性

先进的智能挖掘机通过激光雷达、GPS 等先进传感器和控制系统，能够实现土石方工程的自主操控和精准施工。这种精确性保证了挖掘深度和位置的准确性，有效避免了误差累积。

（2）自动化混凝土搅拌车的高效搅拌

先进的自动化混凝土搅拌车配备先进的搅拌系统，通过智能化控制实现混凝土的均匀搅拌。这保证了混凝土的质量一致性，提高了混凝土施工的准确性。

（3）先进机械设备的协同作业

智能挖掘机、自动化混凝土搅拌车等先进设备可以通过协同作业实现更高水平的施工精度。各种智能设备可以在同一数字平台上共同工作，实现施工过程的协同化，提高整体的施工效率和质量。

（4）远程监控与调整

先进机械设备配备远程监控系统，运营人员可以实时监测设备的运行状态，进行远程调整。这有助于在施工过程中及时发现问题并进行纠正，保证施工的精准性和安全性。

第三节　新技术应用的优势与挑战

一、新技术在施工中的优势

新技术的应用带来了多方面的优势，其中包括：

（一）智能化管理

1.实时监控与数据分析

第一，实时监控的技术应用。

新技术的智能化管理首先体现在实时监控施工现场的各个环节。利用高分辨率摄像头、传感器网络等设备，我们可以对施工现场的实时情况进行全方位的监测。这不仅包括工人的活动和机械设备的运行，还包括施工材料的存储和使用情况。这些监控数据通过云平台传输，实现了对施工现场的远程实时观测。

实时监控的技术应用涵盖了施工过程的各个方面。首先，对土石方工程的挖掘深度、方向及作业效率进行实时监测，确保施工过程的准确性和高效性。其次，对混凝土施工中搅拌、浇筑等环节进行实时监控，保证混凝土的均匀性和质量。此外，监控还包括对施工现场的安全状况进行实时评估，通过识别潜在危险源，提前采取措施，确保施工人员的安全。

第二，实时监控数据的采集与传输。

实时监控所得到的海量数据需要通过高效的数据采集和传输系统进行处理。各种传感器、摄像头等设备通过物联网技术实现连接，将实时监控所得数据传输到云端。这一过程中，数据的采集频率和准确性至关重要。传感器的设计要考虑到在复杂施工环境中的可靠性，确保实时监控数据的真实性和完整性。

云平台作为数据传输的中枢，扮演着关键的角色。先进的云计算技术不仅能够应对大规模数据的实时传输，还能提供强大的数据存储和处理能力。这使得监测数据能够以极低的时延被传输到远程服务器，为项目管理者提供准确的、及时的信息。

第三，数据分析算法的应用与管理者决策。

实时监控所得到的数据离不开先进的数据分析算法的支持。大数据分析、人工智能等技术的应用，使得从海量数据中提取有价值信息成为可能。首先，数据分析可以对施工过程中的各个环节进行综合评估，识别出可能存在的问题和潜在风险。其次，通过对历史数据的分析，我们可以进行趋势预测，为项目管理者提供未来施工进程的参考。

数据分析的结果以直观的可视化形式呈现，通过图表、报告等方式为管理者提供直观的数据支持。这使得管理者可以更全面、准确地了解项目的整体状况，从而做出更明智的决策。例如，如果数据分析显示某一环节存在效率问题，管理者可以及时调整资源分配，优化施工计划，提高项目的整体效率。

在数据分析的过程中，机器学习算法的应用更是提升了数据分析的水平。通过不断学习施工现场的数据，机器学习算法能够识别出一些难以察觉的模式和规律，为管理者提供更深层次的洞察。这使得管理者能够更加精准地制定施工策略，应对复杂多变的施工环境。

2.项目进度优化

第一，智能预测与项目进度管理。

智能化管理系统通过对大量历史施工数据和实时监控数据的分析，能够利用先进的算法对项目进度进行预测。首先，系统可以通过对施工现场的实时监控，获取各个环节的实际工作情况。结合历史数据，系统能够识别出潜在的延误因素，如材料供应、设备故障等。其次，智能化管理系统可以应用机器学习等技术，不断学习和优化预测模型，提高预测的准确性。

在预测的基础上，系统可以通过可视化的方式呈现项目进度的动态变化。这为项目管理者提供了一个直观、全面了解项目整体进展的手段。管理者可以通过系统的界面随时查看项目进度的实时状态，识别出潜在的风险和延误点。这种实时的、直观的进度信息有助于管理者更好地制定决策，及时调整工程计划，防范潜在的问题，从而避免延误。

第二，潜在延误因素的识别与预防。

通过智能化管理系统，潜在的延误因素可以被及时识别出来。首先，系统通过实时监控数据和历史数据的对比，能够识别出施工现场与计划进度不符的地方。其次，通过机器学习的算法，系统可以分析这些数据，找出导致延误的潜在原因，如人员不足、设备故障等。这使得管理者能够有针对性地采取措施，调配资源，以防范延误的发生。

对潜在延误因素的识别不仅限于施工过程中的直观问题，还包括一些隐性的因素。例如，系统可以通过分析历史天气数据和未来天气预测，识别出可能影响施工的恶劣天气条件。提前对这些天气因素进行预测，项目管理者可以采取合适的预防和调整措施，避免天气原因导致的延误。

第三，项目进度的调整与优化。

基于潜在延误因素的识别，智能化管理系统可以为项目管理者提供优化项目进度的建议。首先，系统可以通过模拟不同调整方案的影响，预测不同调整措施对项目进度的影响。其次，通过对资源分配、工程计划等方面的优化，系统能够为管理者提供合理的、经过模拟验证的项目调整建议。

项目进度的调整涉及多个方面，包括人力资源、材料供应、设备调度等。系统通过对这些方面的数据进行综合分析，提供了一系列优化方案。管理者可以在系统的支持下，更全面地考虑项目整体进度，制定出更具有实施可行性和经济性的优化方案。

第四，整体管理水平的提高。

通过对项目进度的智能预测、潜在延误因素的识别与预防、项目进度的调整与优化，智能化管理系统的应用在提高整体管理水平方面发挥着重要作用。首先，实时、准确的项目进度信息为管理者提供了科学的决策依据。其次，对潜在风险的预防和调整使得项目能够更好地应对外界不确定性。最后，项目进度的优化方案提高了管理者在复杂多变环境中的应变能力，确保项目顺利进行。这一系列智能化管理的手段协同作用，为整体管理水平的提升提供了有力支持。

3. 资源智能分配

第一，智能规划算法的应用。

在资源智能分配中，首先涉及智能规划算法的应用。先进的规划算法能够通过对施工任务、资源情况、工期等多方面数据的综合分析，为项目提供最优的资源调配方案。这种算法可以在考虑多个变量的情况下，实现对资源的高效规划，确保在有限资源下达到最大化的施工效能。

智能规划算法的基础是对大量数据的准确分析和处理。系统可以通过实时监控数据、历史施工数据及外部环境数据，获取全面的信息。这种数据的综合分析使得系统能够更全面地理解项目的需求和资源的供给，提高了规划的精准性和全局性。

第二，人工智能技术的运用。

除了规划算法，人工智能技术在资源智能分配中也发挥着重要作用。首先，人工智能可以通过对历史施工数据的学习，识别出不同资源在不同施工环境下的表现，从而为规划提供更为准确的参考。其次，通过对实时监测数据的分析，人工智能可以动态调整资源分配方案，以适应不断变化的施工条件。

人工智能的一个重要应用是在施工任务的优先级和紧急程度方面进行智能决策。系统可以通过学习历史数据，了解不同任务的关联性、耗时情况等因素，为资源分配提供更为智能的优化。在面对突发事件或计划变更时，人工智能可以迅速做出相应调整，保证项目进度的稳定。

第三，提高资源利用效率与降低施工成本。

资源智能分配的最终目标是提高资源利用效率和降低施工成本。首先，通过智能规划算法和人工智能的优化决策，系统能够使得每个资源在施工中发挥最大的作用，避免资源的浪费。其次，动态调整的能力使得系统能够更灵活地应对施工环境的变化，进一步提高资源的利用效率。

在资源的合理调配下，施工过程中的人工和机械设备能够更好地协同工作，避免资源之间的冲突和浪费。这种高效协同有助于提高整体的施工效率，进而缩短工程周期，降低施工成本。

4.远程协同工作

第一，远程协同工作的实现。

远程协同工作的实现首先依赖于新技术的支持。云平台和远程办公系统为项目团队提供了一个共享信息和实时交流的平台。通过这些系统，项目团队的成员可以随时随地登录，获取最新的项目数据、文档和讨论记录。这种实时性和便捷性使得团队协同工作不再受制于地理位置，大大提高了团队的协同效率。

在远程协同工作中，团队成员可以通过在线会议、即时消息等方式进行实时沟通。这种实时性的沟通方式弥补了传统邮件和电话沟通的滞后问题，有效减少了沟通误差和信息丢失。同时，通过在线会议，团队成员可以进行更为直观的沟通，包括共享屏幕、演示项目进展等，进一步提高了协同工作的效果。

第二，远程决策的快速响应。

远程协同工作的优势之一是能够快速响应决策。通过在线会议和即时消息，项目团队可以迅速召开讨论，进行决策。这种实时决策的机制有助于解决项目中的问题，避免因为信息滞后而导致的决策时间延误。同时，远程协同工作也为项目管理者提供了更多灵活性，可以及时调整项目方向，应对各种变化。

第三，共享与协同的文化建设。

远程协同工作需要建立一种共享与协同的文化。这包括建立透明的信息共享机制，鼓励团队成员分享项目中的问题、经验和建议。通过在线文档、项目管理工具等，团队成员能够实时查看项目进展、任务分配等信息，增强了团队的协同意识。共享与协同的文化建设有助于形成团队的整体感知，使每个成员都能更好地理解项目的整体目标和进展。

第四，团队建设与远程协同。

远程协同工作也提出了新的要求，即团队建设的远程化。定期的在线团队建设活动、培训和沟通会议，可以加强团队成员之间的联系，弥补了远程工作可能带来的孤立感。同时，我们也可以通过在线平台提供的团队管理工具，进行任务分配、工作监督等，以维持整个团队的协同运作。

（二）安全性提升

1.智能监测与预警系统的安全性提升

先进的监测技术和传感器网络构建了智能监测与预警系统，为施工现场的安全提供了实时监控。传感器可以检测施工现场的各个方面，包括温度、湿度、气体浓度等，同时还能检测到机械设备的运行状态。当系统检测到潜在的安全隐患时，预警系统会立即启动，通过声音、光线或信息推送等方式及时通知相关人员。这种实时的监测与预警机制极大地提高了施工现场的安全性，使得潜在的危险得以迅速被发现和解决，从而防范了事故的发生。

2.可穿戴技术的应用

可穿戴技术在安全性提升方面发挥了重要作用。工人可以佩戴智能设备，实时监测其身体状况和周围环境。例如，智能手环可以监测人的心率、体温等生理指标，智能眼镜可以提供增强现实的信息，包括警告、指导等。这有助于防止劳动过度，及时发现工人身体不适或疲劳情况，从而保障工人的身体健康。通过数据分析，可穿戴技术还可以预防一些潜在的安全风险，为工人提供更加安全的工作环境。

3.虚拟现实培训的安全性提升

虚拟现实技术的应用为安全培训提供了新的手段。通过虚拟现实，工人可以在模拟的真实场景中接受培训，模拟各种危险场景，包括高空作业、有害气体泄漏等。这种培训方式使工人能够更直观地认识危险，提高对安全操作的认识。同时，虚拟现实培训还可以提供应急处理的训练，使工人在实际施工中能够更加从容应对各种突发状况，有效降低事故发生率。

4.自动化设备的应用

新技术的推动使得自动化设备在施工现场得以广泛应用，从而减少了对人工劳动的需求，降低了工人在危险环境中的暴露时间。例如，自动驾驶的运输车辆、自动化的起重设备等，不仅提高了施工效率，更重要的是降低了工人直接面对危险因素的风险。自动化设备的应用在一定程度上提高了整个施工现场的安全性，为工人创造了更为安全的工作环境。

（三）环保效益

1.可持续建造材料的应用

在新技术的推动下，越来越多的可持续建造材料得到了广泛的研发和应用。可再生能源材料，例如生物质能源和太阳能材料，成为建筑领域的新宠。这些材料的使用不仅减少了对传统能源的依赖，还降低了建筑过程对自然资源的耗用。同时，高效节能材料的应用，例如高效保温材料、光学透明材料等，有助于提高建筑的能效，减少能源浪费，从而为环境带来了显著的好处。

2.节能减排的施工方式

新技术的引入使得施工方式更加注重节能减排。智能化建筑系统的运用，包括智能照明、智能空调等，通过精确的能源管理，减少了施工过程中的能源消耗。高效能源利用系统的应用，例如可再生能源设备、能源储存系统等，有助于提高能源的利用效率，减少碳排放。这些技术的使用不仅符合绿色建筑的理念，而且在环保效益上取得了实质性的进展。

3.建筑废弃物的循环利用

先进技术为更好地管理建筑废弃物提供了解决方案。通过 BIM 技术和数字化建模，工程团队可以实现对建筑材料的追踪和管理。这使得建筑废弃物的循环利用变得更加可行。通过系统的管理和分拣，废弃物中的可再生资源可以得到有效利用，减少了对原材料的需求，降低了建筑活动对环境的负面影响。

4.数字化建模的环境影响评估

利用 BIM 技术，工程团队可以在数字化建模的过程中进行环境影响评估。通过模拟不同材料和设计方案对环境的影响，我们可以更全面地了解建筑活动对周围环境的潜在影响。这种环境影响评估为选择更为环保可持续的建筑方案提供了科学依据，有助于引导建筑行业朝着更可持续的方向发展。

二、新技术引入过程中的挑战

（一）技术适用性评估

在引入新技术时，对其在水利水电工程中的适用性进行全面评估至关重要。这个过程需要综合考虑水利水电工程的特殊性，涉及地质、水文、气象等多个方面。在地质方面，我们需要详细了解工程地区的地质构造、岩性分布、地下水情况等，以评估新技术在不同地质条件下的适用性。例如，在软土地区，某些施工技术可能更适合应用，而在岩石地区可能需要考虑不同的操作方式。

1. 地质适应性评估

在地质适应性评估中，我们需要对地质条件进行深入研究。包括对地层的性质、岩土体的力学性质、可能存在的地下水位等进行详细调查。新技术的引入需要考虑其在不同地质环境下的适应性，以确保在施工过程中不会出现地质灾害或其他问题。

2. 水文环境的考量

水利水电工程中水文环境对施工有着重要影响。水流状况、水位变化等因素需要纳入评估范围。例如，在涉及水下作业的情况下，新技术的水下适应性就成为评估的重点。这可能包括水下设备的性能、耐水性能及在水下环境下的操作稳定性等。

3. 气象条件的分析

气象条件对水利水电工程施工同样具有重要的影响。新技术的引入需要考虑气象条件下的性能表现，包括在极端气象条件下的可靠性和安全性。例如，对于在寒冷地区使用的新型建筑材料或设备，我们需要评估其在低温环境下的性能。

（二）人才培训

1. 建立全面的培训机制

在引入新技术前，建立完善的培训机制是确保新技术成功应用的重要步骤。水利水电工程的施工覆盖多个专业领域，因此培训计划需要综合考虑各个领域的需求，确保涵盖全面。

（1）跨学科培训计划

建立跨学科培训计划，覆盖土木工程、水文水资源、机电工程等多个专业领域。培训内容应包括新技术的基本原理、应用方法及在不同专业领域中的具体应用场景。这样的综合培训计划有助于打破各专业之间的壁垒，形成一个更加协同的工程团队。

（2）实际场景的操作培训

除了理论知识的传授，培训计划还应注重实际场景的操作培训。通过模拟水利水电工程的实际情况，工程团队成员亲自操作和应用新技术。这有助于提高工程团队对新技术的实际操作技能，确保团队成员能够熟练运用新技术解决实际问题。

（3）专业认证和评估机制

建立专业认证和评估机制，确保培训计划的有效性和工程团队成员的学习成果。通过专业认证，我们可以验证团队成员对新技术的理解程度和应用水平，从而提高团队的整体专业素养。

通过这样的全面培训机制，水利水电工程的工程团队可以更好地适应新技术的引入，提高团队整体素质，确保新技术能够在实际工程中得以顺利应用。

2.水利水电工程领域的专业培训

新技术的引入涉及多个专业领域，因此水利水电工程的专业培训计划需要细化到各个领域，确保每个领域的专业人才都能掌握新技术的应用。

（1）土木工程专业培训

对土木工程领域的人才进行培训，内容涵盖新型建筑材料、结构设计优化等方面。培训计划应关注新技术在土木工程中的创新应用，以提高土木工程师对新技术的认识和应用水平。

（2）水文水资源专业培训

水文水资源专业的人才培训需要关注新技术在水文监测、水资源管理等方面的应用。培训计划应强调新技术在水文水资源领域的实际应用场景，提高专业人才对新技术的适应能力。

（3）机电工程专业培训

机电工程领域涉及水利水电工程中的机械设备、电气系统等方面，培训计划应重点关注先进机械设备的操作和维护、智能电气系统的应用等内容，确保机电工程师能够熟练运用新技术进行工程施工。

这样的专业培训计划，不仅提高了各个专业领域的人才对新技术的应用水平，也促进了跨学科的交流与合作。

3.新技术的操作技巧强调

新技术在水利水电工程中的应用不仅仅是理论知识，更需要实际操作技巧的支持。因此，培训计划应强调新技术的操作技巧，确保工程团队成员在实际施工中能够熟练运用新技术。

（1）模拟实际施工场景

培训计划可以通过模拟实际施工场景的方式，让工程团队成员在模拟环境中进行实际操作。这有助于培养工程团队成员在实际场景中迅速反应和处理问题的能力。

（2）操作技巧培训班

设立操作技巧培训班，专门针对新技术的具体操作进行培训。通过实际的案例和操作演练，提高工程团队成员对新技术的操作技巧。这包括对先进机械设备的正确操作、BIM 技术的数字建模技能等方面的培训。

（3）实际项目中的操作实践

将培训内容与实际项目相结合，组织实际项目中的操作实践。通过参与实际项目，工程团队成员能够在真实场景中运用新技术，深化对操作技巧的理解，并及时纠正和改进。

通过强调新技术的操作技巧，培训计划不仅提高了工程团队对新技术的实际应用水平，还增强了团队成员在实际施工中的操作熟练度。

4.设立专业认证和评估机制

为确保培训计划的有效性，建立专业认证和评估机制是必要的。通过专业认证，我们可以对工程团队成员的培训成果进行权威认证，从而提高培训的可信度。

（1）专业认证机构的参与

引入专业认证机构进行培训成果的认证。专业认证机构可以对工程团队成员的知识水平、操作技巧等进行全面评估，确保培训计划的质量。

（2）定期评估和迭代

建立定期评估机制，对培训计划进行定期检查和评估。根据评估结果进行调整和迭代，确保培训计划与新技术的发展同步，保持前沿性。

（3）设立学分制度

设立学分制度，将培训计划划分为不同的学分，工程团队成员通过培训获得相应的学分。这样的制度有助于激发团队成员的学习积极性，提高培训的参与度。

通过以上举措，我们建立了全面的培训机制，确保了水利水电工程领域的工程团队对新技术的理解、应用水平和实际操作技巧的全面提升。

（三）设备升级与兼容性

1.设备性能升级计划

在引入新技术的初期，制订设备性能升级计划是至关重要的。该计划需要明确现有设备的性能状况，针对新技术的要求，确定需要升级或更换的设备类型和数量。例如，在需要高精度测量的情况下，针对测量仪器的性能进行升级是必要的。同时，对于挖掘机等机械设备，我们也可能需要升级其自动化和智能化水平，以更好地支持新技术的应用。

（1）设备性能评估

对水利水电工程中的各类设备进行性能评估。这包括设备的精度、稳定性、自动化程度等方面的考察。通过性能评估，明确现有设备在新技术应用中可能存在的不足之处。

（2）明确升级需求

根据新技术的需求，明确设备的升级需求。这可能涉及传感器的更换、自动控制系统的升级、数据采集设备的更新等方面。升级需求的明确性对于后续的采购和升级工作至关重要。

（3）制订升级计划

制订设备性能升级计划，明确升级的时间节点、升级的具体内容和升级后的预期性能水平。升级计划需要与新技术的引入计划相协调，确保设备升级工作能够与新技术的实际应用同步进行。

2.技术集成与兼容性考虑

设备升级是引入新技术的重要一环，而技术集成与兼容性是确保新技术与现有设备协同工作的关键。这涉及新技术与现有设备之间的数据交流、控制逻辑的统一等方面。

（1）设备间的数据交流

确保新技术与现有设备之间能够实现有效的数据交流。这可能涉及通信协议的统一、数据格式的规范化等工作。通过建立数据交流的标准，实现设备之间的信息共享，提高整体施工效率。

（2）控制逻辑的一致性

对于需要通过控制系统进行协同工作的设备，确保新技术引入后，各设备的控制逻辑保持一致。这可能需要对控制系统进行调整和优化，以适应新技术的要求。保持控制逻辑的一致性，避免因设备之间的操作不协调而导致施工中断或错误。

（3）技术中介的引入

在新技术与现有设备之间引入技术中介，如适配器、中间件等。这些技术中介可以起到桥梁的作用，实现新技术与现有设备的无缝衔接。技术中介的引入，降低了技术集成的难度，提高了系统的整体稳定性。

3. 设备更新周期的管理

设备的更新周期管理是设备升级与兼容性的延续。新技术的不断发展可能需要更高性能的设备支持，因此建立设备更新周期的管理机制是确保水利水电工程设备始终保持先进水平的重要手段。

（1）定期设备性能评估

定期对设备进行性能评估，了解设备的运行状况。通过评估结果，判断设备是否仍能满足施工需求，是否需要升级或更换。

（2）根据新技术发展调整更新周期

根据新技术的发展趋势，及时调整设备的更新周期。如果新技术对设备性能提出了更高的要求，可以适时缩短设备的更新周期，确保设备始终保持先进水平。

（3）建立设备更新的预算计划

建立设备更新的预算计划，确保有足够的经费用于设备的更新和升级。设备更新预算需要与工程整体预算相协调，确保经济效益的同时满足新技术引入的需要。

第四章　水利水电工程数字化施工管理

第一节　建筑信息模型（BIM）在水利水电工程中的应用

一、BIM 的基本原理与优势

（一）建筑信息模型的基本原理

建筑信息模型（BIM）的基本原理在于通过数字化手段对工程信息进行集成、协同和可视化管理。这一过程从项目的规划阶段开始，一直延伸到设计、施工和运营等各个阶段。核心思想是将水利水电工程的各个方面整合到一个全面的数字模型中，实现全过程的可视化管理。

1. 数字化集成

第一，数字化集成的基本概念。数字化集成是指将水利水电工程中涉及的多个专业领域的数据以数字化的方式整合到一个共同的平台或模型中。这涵盖了水利工程的各个方面，包括地质、水文、结构、设备等多个数据类型。在水利水电项目的规划阶段，首要任务是收集并整理这些多源数据，通过数字手段进行集成，以构建全面而准确的数字模型。

第二，数字化集成的流程与方法。数字化集成的流程包括数据收集、数据标准化、数据转换和数据存储等多个环节。首先，通过现代调查和勘测技术获取地质信息、水文数据等。然后，对这些数据进行标准化处理，确保它们能够在一个共同的平台上进行对接。接下来，采用数字转换技术，将各个领域的数据以数字化的形式呈现，并整合到一个数字模型中。最后，建立完整的数字数据库，以便在后续的规划、设计、施工等阶段进行参考和应用。

2. 跨阶段协同

第一，BIM 的原理与项目规划阶段的协同。BIM 的原理首先体现在项目规划阶段的协同。在这一阶段，各专业团队可以共享一个数字平台，将其独立的规划和设计集成到一个综合的数字模型中。通过BIM，建筑师、结构工程师、水利工程师等可以实时协同工作，相互之间的设计变更和调整可以得到迅速的反馈。这有助于确保项目的整体一致性和协调性，提前发现潜在问题。

第二，BIM的原理与设计、施工阶段的协同。在设计和施工阶段，BIM的原理延续了协同的理念。通过共享的数字平台，建筑设计、结构设计、施工管理等多个专业领域的团队可以在一个实时更新的数字模型中协同工作。设计变更、施工进度、材料调配等信息得以及时传递，避免了传统项目中由于信息传递不畅导致的施工错误和调整。这种协同机制提高了工程的整体效率，减少了不必要的时间和资源浪费。

第三，BIM的原理与运营阶段的协同。BIM不仅在项目的前期阶段发挥作用，在运营阶段同样有重要意义。通过数字模型，运维团队可以获取详细的建筑信息，包括建筑结构、设备布局、维护手册等。这使得维护人员能够更加高效地进行设备维护、运行检测等工作。BIM的数字模型提供了一个动态更新的平台，确保了运营过程中的信息准确性和实时性。

第四，BIM的原理在不同阶段协同的实际应用。BIM的原理在不同阶段的协同应用丰富多样。在项目规划阶段，通过协同设计，我们可以确保各专业领域的设计在一开始就得到有效整合。在设计和施工阶段，数字模型的实时协同性有助于团队迅速响应变更，确保施工进度的顺利推进。在运营阶段，BIM的数字模型为设备的维护和运行提供了详尽的信息支持。通过这种方式，BIM的原理推动了项目各阶段的无缝协同，提高了整个水利水电工程的质量和效率。

3. 可视化管理

第一，在项目的规划阶段，数字模型的可视化管理为工程团队提供了一个直观的平台，以查看整个工程的规划方案。通过数字模型，团队可以更清晰地了解土地利用、水资源分布等信息，从而制定更科学、更合理的规划策略。可视化的数字模型在项目初期的决策过程中发挥关键作用，有助于团队成员共同理解项目目标，协同规划项目的发展方向。

第二，在设计和施工阶段，数字模型的可视化管理成为工程团队沟通协作的重要工具。设计师、工程师、施工管理人员可以通过数字模型清晰地看到建筑结构、设备布局等方面的详细信息。这有助于提前发现潜在的设计问题或施工难点，从而减少后期的调整和修改。施工进度的可视化管理也使得团队能够实时监控施工过程，确保项目按计划进行。

第三，数字模型的可视化管理在项目运营阶段同样具有实际效益。运维人员可以通过数字模型清晰了解建筑结构、设备配置及维护手册等信息。这种可视化的管理方式有助于提高设备的维护效率，降低运营成本。运营团队可以实时监测设备的状态，迅速做出反应，确保设备正常运行。

（二）BIM 的优势

BIM 在水利水电工程中的优势显而易见。

1.提供高度准确的三维模型

（1）三维模型的精确性与空间感知的重要性

BIM 的首要优势在于其能够提供高度准确的三维模型，为水利水电工程的空间感知提供了直观的工具。在处理涉及复杂地形和水文条件的工程中，这一点显得尤为重要。通过 BIM 技术，工程团队可以在项目早期阶段就获取对地理信息的准确把握，从而及时发现并解决潜在的地质和水文问题，有助于提高工程设计的可行性和质量。

（2）早期问题发现与工程设计的调整

具体而言，BIM 的三维模型能够模拟工程中可能出现的问题，如土壤侵蚀、水文变化等，使工程团队能够在项目的早期阶段就进行相应的调整。这种早期问题发现和调整有助于降低后期施工中的风险和成本，提高工程的整体可控性。

2.支持多专业数据的集成

（1）各专业之间的协同工作

BIM 的协同工作特性使得多专业数据的集成成为可能。水利水电工程涉及多个专业领域，包括土木工程、水文水资源、机电工程等。通过 BIM，这些专业领域的数据能够被有机地整合在一个数字模型中，避免了信息孤岛的问题。这种集成为各专业之间的协同工作提供了有力支持，提高了整体工作效率。

（2）信息孤岛问题的避免

传统的工程管理中，各专业之间信息的分离和孤立是常见的问题，容易导致沟通不畅、误解等问题。BIM 通过集成各专业数据，消除了信息孤岛，使得相关专业领域的工程师能够更好地协同工作，共同推动工程的顺利进行。

3.模拟工程在不同阶段的状态

（1）全过程模拟与工程全貌的理解

BIM 不仅仅是一个静态的三维模型，更是一个支持全过程模拟的工具。通过 BIM，工程团队能够模拟工程在不同阶段的状态，包括设计、施工和运营等方面。这有助于工程团队更好地理解工程的全貌，从而为全过程的决策提供科学依据。

（2）决策的科学依据

全过程模拟使得工程团队能够在项目的不同阶段作出有根据的决策。例如，在设计阶段，BIM可以模拟不同设计方案的效果，帮助工程师选择最优方案；在施工阶段，BIM可以模拟施工过程中的可能问题，为施工计划的制订提供科学依据。这种基于全过程模拟的决策支持有助于提高工程的整体效益。

通过以上三个方面的优势，BIM在水利水电工程中发挥着不可替代的作用，为工程的规划、设计、施工和运营提供了强大的支持。

二、BIM在水利水电工程中的具体应用

（一）BIM在水利工程中的应用

1. BIM在水资源规划中的模拟与分析

首先，BIM在水资源规划中的应用始于水资源的数字模型建立。通过先进的地理信息系统（GIS）和遥感技术，BIM能够获取并整合大量关于地形、降水、水文和气象等方面的数据。这些数据被纳入一个三维数字模型中，反映了水利水电工程所涉及地区的实际地理状况。

其次，BIM的强大模拟功能允许工程团队在不同水流条件下模拟水资源的分布情况。通过设定不同的水流参数，BIM能够预测水资源在不同季节、降水条件下的变化趋势。在干旱地区，工程团队可以借助BIM模拟不同干旱程度对水资源的影响，为水资源管理提供更为准确的数据支持。

BIM还能够进行水资源供需关系的动态分析。通过将水资源分布模型与实际需水情况结合，工程团队可以实时监测水资源供需的平衡状况。这种动态分析有助于制定更为灵活和响应迅速的水资源管理政策，以适应不断变化的气候和水文条件。

最后，BIM的模拟和分析功能可以为应对干旱等极端气象条件下的水资源管理政策制定提供支持。通过模拟不同的管理策略，如限水措施、水资源调配等，工程团队可以评估这些策略在模拟条件下的效果，为决策者提供科学依据，确保水资源的合理利用。

2. BIM在水利工程建设方案中的优化作用

首先，BIM在水利工程中的优化作用基于其强大的三维建模功能。通过采用BIM技术，工程团队可以以更为直观的方式呈现水利工程的地形、水流路径、建筑物等重要元素。这为工程团队提供了一个全面了解工程特征的平台，为建

设方案的优化奠定了基础。

其次，BIM 的优势体现在地形分析和水流模拟方面。通过对地形的数字建模，BIM 能够模拟水流在不同地形条件下的路径和速度。在水利工程中，这意味着工程团队可以更准确地了解水流的动态，包括可能形成的水流障碍、洪水风险等。通过对不同建设方案进行水流模拟，工程团队可以在实际施工之前评估方案的可行性，及早发现潜在问题。

再次，BIM 在水利渠道设计方案的优化中发挥关键作用。通过 BIM 技术，工程团队可以模拟不同渠道设计方案的水流情况。这包括渠道的形状、坡度、流速等参数的变化对水流路径的影响。通过在虚拟环境中比较不同设计方案的效果，工程团队能够选择最合适、最优化的方案，以提高工程的效益。

最后，BIM 为工程团队提供了更全面、实时的数据支持，有助于更科学地进行决策。基于 BIM 的三维建模和水流模拟，工程团队可以在项目的各个阶段进行优化调整，以适应不断变化的工程条件。这为提高工程的效益、降低潜在风险提供了决策上的支持。

通过 BIM 在水利工程中的应用，工程团队可以在建设方案的规划和设计阶段就充分考虑各种因素，最大限度地优化方案，确保工程的顺利实施和长期效益。

（二）BIM 在水电工程中的应用

1. 电站水流模拟与设计优化

水电工程中的电站水流模拟对于设计的优化至关重要。通过 BIM，工程团队可以模拟电站水流情况，深入了解水流的速度、方向、压力等关键参数。这样的模拟能够在电站设计的早期阶段发现潜在问题，为后续设计提供科学依据。

具体而言，BIM 在水电工程中通过对水轮机的布局进行模拟，优化水流的流向，从而提高水轮机的发电效率。通过调整水轮机的位置和数量，工程团队可以根据模拟结果选择最优设计，确保电站在实际运行中能够更有效地转化水流能为电能。

电站水流模拟的优化设计不仅提高了电能的产出效益，还有助于水电工程的可持续发展。通过更精确的设计，工程团队能够减少对水资源的浪费，实现水能资源的最大化利用，与环保理念相符。

2. 施工阶段的数字化管理

首先，实时追踪建筑材料的使用情况。

在水电工程的施工阶段，BIM 通过数字化管理系统能够实时追踪建筑材料的使用情况，为工程团队提供了全面的材料掌控。通过建立与供应商的数字连接，我们可以实时获取材料的来源、用量、消耗速度等关键信息。这种实时追踪使得工程管理者能够随时监控施工现场的材料消耗情况，及时了解材料的补充需求。因此，BIM 的数字化管理有助于材料的及时调度，避免了因材料不足而引起的施工延误。

其次，优化材料供应链，提高施工效率。

通过对建筑材料供应链的数字化管理，BIM 系统能够帮助工程团队更好地规划和优化材料的供应流程。通过预测施工过程中可能用到的材料种类和数量，工程管理者可以提前与供应商进行沟通，确保所需材料的及时供应。这种优化供应链的数字化管理不仅提高了施工效率，还有助于降低材料库存成本，实现资源的最大化利用。

最后，模拟施工过程与问题提前发现。

BIM 的数字化管理系统可以模拟整个施工过程，包括设备的摆放、施工流程等。这种虚拟的施工环境能够帮助工程团队提前发现潜在的施工问题，如工艺冲突、空间冲突等。通过在数字模型中模拟施工，工程管理者可以更好地规划施工进程，避免实际施工中可能发生的问题，从而提高整体施工质量和安全性。这也为工程团队提供了优化施工计划的机会，降低了施工风险，确保工程的平稳进行。

通过以上应用案例，我们可以发现 BIM 在水利水电工程中的全面应用，从水资源管理到工程规划、设计和施工阶段，都发挥着重要作用。其数字化建模和模拟功能为工程团队提供了更为直观、科学的工具，有力推动了水利水电工程的可持续发展。

第二节　无人机技术在施工监测中的作用

一、无人机技术概述

随着科技的不断发展，无人机技术崭露头角，成为水利水电工程监测中的先进工具。其灵活性、高效性及相对低成本的特点使其在工程监测领域具有独特的优势。

（一）无人机技术的优势

1. 无人机技术的灵活性

（1）机动性的重要性

无人机的机动性是其灵活性的基础，使其能够在复杂多变的工程环境中迅速调整飞行路径。

在水利水电工程监测中，灵活性意味着无人机能够穿越狭窄的地区，如山谷或建筑物之间，实现全方位监测。

（2）适应性的实际应用

适应性使得无人机能够适应不同的气象条件，如高海拔、极端温差等，从而在各种环境下执行监测任务。

在水利水电工程中，无人机适应性也体现在其能够在湿地、河流等复杂地形中执行监测，提高了监测的全面性。

（3）全方位覆盖

由于机动性和适应性的共同作用，无人机能够实现对工程现场的全方位监测，填补了传统监测手段无法覆盖的盲区。

这种全方位覆盖的特性在发现工程问题、处理突发事件等方面具有显著优势。

2. 无人机技术的高效性

（1）快速部署的操作效率

无人机的快速部署能力使其能够在短时间内投入使用，迅速响应监测需求。

在水利水电工程监测中，快速部署意味着可以及时处理工程现场的突发情况，提高了监测的实效性。

（2）任务执行的高效性

无人机能够高效执行各类监测任务，包括航拍、激光雷达测绘等，从而提高了监测的全面性和深度。

这种高效性使得监测周期得以缩短，监测信息更及时可靠，为工程管理提供了强有力的支持。

（3）数据获取的及时性

由于高速飞行和实时数据传输的技术支持，无人机能够在监测过程中实现即时数据的获取和反馈。

这对水利水电工程的实时问题处理、工程进度调整等方面具有显著的优势。

3.无人机技术相对较低的成本

（1）运营成本的比较

与传统监测设备相比，无人机的运营成本相对较低，主要包括燃料、维护和人力成本等。

这使得水利水电工程监测的总体成本大幅度降低，为工程的经济可行性提供了有力的支持。

（2）成本效益的优势

相对较低的成本意味着更广泛的应用范围，这使得检测技术更加普及。

在水利水电工程中，成本效益的优势使规模较小的项目也能够享受到高水平的监测服务，这促进了水利水电工程的全面发展。

（3）经济性对可持续发展的贡献

无人机的相对低成本与经济性的特点符合可持续发展的理念，为工程的长期运营和维护提供了可行性保障。

这种经济性对水利水电工程的可持续性发展有着深远的积极影响。

（二）无人机搭载传感器的全方位监测

1.高精度相机应用

（1）相机技术的发展

高精度相机是无人机搭载传感器中的重要组成部分。随着相机技术的不断发展，无人机所搭载的相机逐渐实现了更高的分辨率、更广的视场和更强的光学性能。

（2）数据采集与图像处理

通过高精度相机，无人机能够实现对工程现场的高清图像捕捉。这些图像不仅提供了可视化的工程现场数据，还通过图像处理技术，实现对工程变化和进度的详细分析。

（3）进度监测与问题诊断

高清图像的采集使得监测者可以实时了解工程现场的变化情况，从而实现对工程进度的实时监测。同时，这些图像也可用于问题诊断，帮助发现潜在的工程质量和安全问题。

2.激光雷达技术

（1）激光雷达原理

激光雷达技术是无人机传感器中的一项关键技术。激光雷达通过发射激光束，测量激光束的反射时间，从而获取地面或物体的高程信息。

（2）高精度地形测绘

无人机搭载激光雷达传感器能够实现对工程现场地形的高精度测绘。这为水利水电工程的设计和规划提供了准确的地理信息，包括地面高程、坡度等关键参数。

（3）设计和规划的支持

激光雷达测绘提供的高精度地理信息为水利水电工程的设计和规划提供了坚实的基础。工程师可以利用这些数据进行精准的地形分析，优化工程设计。

二、无人机在施工监测中的实际应用

（一）监测施工现场

1. 安全监测

（1）激光雷达与热成像相机融合

通过搭载激光雷达和热成像相机，无人机不仅能够获取施工现场的地形信息，还能实时监测施工人员的体温情况。这种融合技术能够为安全监测提供更全面的数据支持。

（2）隐患监测与预警

热成像相机可以检测到施工现场的温度变化，识别出可能存在的设备故障或电气问题，提前预警潜在的安全隐患，从而降低事故的发生概率。

（3）多光谱相机的环境监测

多光谱相机可用于监测施工现场的环境状况，包括土壤稳定性和植被覆盖情况。这对于避免地质灾害和减少对生态环境的影响具有重要意义。

2. 工程进度监测

（1）高分辨率相机的实时捕捉

无人机搭载高分辨率相机能够实时捕捉施工现场的变化，包括建筑物的结构进展、材料运输等情况。这为工程管理者提供了直观的、可视化的数据支持。

（2）图像处理技术的应用

通过图像处理技术，我们可以对捕捉到的图像进行精准的识别和分析，实现对施工进度的定量评估。这种技术能够帮助工程管理者更准确地了解工程的实际完成情况。

（3）与建筑信息模型（BIM）的整合

通过与BIM技术的整合，无人机捕捉到的数据可以与工程设计模型进行比对，从而更准确地评估实际进度与设计计划之间的差距，及时调整工程计划。

（二）地形测绘

1. 激光雷达三维建模

（1）激光雷达技术原理

激光雷达通过发射激光束并测量其反射时间，精确获取地面或物体的高程信息。这项技术的原理为实现高精度的地形测绘提供了基础。

（2）高精度三维建模的应用

无人机搭载激光雷达传感器能够实现对复杂地形的高精度三维建模。这种建模技术为水利水电工程提供详细的地形数据，包括地表形状、高程变化等，为地形设计和规划提供了准确的基础。

（3）数据处理与分析

通过激光雷达采集的数据，我们可以进行精细的数据处理和分析，识别地形特征，提供工程所需的精准地形信息，为工程设计和规划提供科学依据。

2. 地质灾害预警

（1）多光谱传感器的应用

多光谱传感器能够捕捉地表不同波段的光谱信息，包括红外波段。通过无人机搭载的多光谱传感器，我们能够对地质灾害敏感区域进行全面监测。

（2）地质灾害敏感区域的识别

多光谱传感器可用于识别地表的植被覆盖情况、土壤含水量等参数，从而帮助识别潜在的地质灾害敏感区域，为预警和防范提供科学依据。

（3）监测与预警系统的建立

利用多光谱传感器获取的数据，建立地质灾害监测与预警系统。通过实时监测地质灾害敏感区域的变化，系统能够提前发现可能的地质灾害风险，为相关部门提供预警信息。

（三）资源调查

1. 水资源监测

（1）多光谱相机在水质监测中的应用

无人机搭载多光谱相机，通过捕捉水体反射的不同波段光谱，实现对水域水质的监测。这种技术可用于检测水中的蓝藻、悬浮物质等，为水利工程提供水质信息。

（2）红外相机的水资源分布调查

红外相机可以识别水体的温度分布，通过无人机航拍获取的红外图像，可以对水域的温度、流速等信息进行分析，这为水资源的分布状况提供科学依据。

（3）数据处理与水资源规划

通过对监测数据的处理，包括遥感图像的解译和数据分析，我们可以生成水资源的空间分布图，为水利工程的资源规划提供科学依据，优化水资源的利用。

2.生态环境评估

（1）无人机航拍技术的应用

无人机配备高分辨率相机，能够实现对工程周边生态环境的高清航拍。这种技术可以获取大范围的影像数据，为生态环境的全面评估提供直观、详细的信息。

（2）环境参数监测

通过航拍获取的数据，我们可以对工程周边的植被覆盖、土壤质地等环境参数进行监测。这有助于评估工程建设对周边生态环境的影响，为环境保护提供科学依据。

（3）生态风险评估与评价

通过对生态环境的全面评估，我们可以识别潜在的生态风险，并进行评价。这有助于制定相应的生态保护措施，确保工程建设对生态环境的影响最小。

第三节　人工智能在工程管理中的潜力

一、人工智能在工程管理中的应用领域

（一）工程进度管理

1.水利水电工程进度管理

（1）历史数据源的多样性

为了建立可靠的进度管理系统，人工智能系统需从多样性的历史数据源中采集信息。这包括施工进度、工作量、资源利用情况等多方面的数据。多样性的数据能够更全面地反映工程执行的复杂性和多变性。

（2）实时数据的采集

除了历史数据，系统还需要实时采集施工现场的数据，如工人的实际工作时间、设备的运行状态等。这种实时数据的采集为系统提供了当前工程状态的

真实画面，增加了数据的及时性和准确性。

（3）机器学习算法的应用

采集的大量历史和实时数据被引入机器学习算法进行训练。这样的学习过程使得人工智能系统能够从数据中学到规律和模式，理解各个因素对工程进度的影响，并逐步优化模型以提高预测准确性。

2.预测模型的建立

（1）模型输入因素的选择

在建立预测模型之前，我们需要仔细选择模型的输入因素。这可能包括施工进度、工作量、人力资源利用效率等。选择合适的输入因素对于建立准确的预测模型至关重要。

（2）机器学习算法的运用

基于历史数据的学习，人工智能系统运用各种机器学习算法，如回归分析、神经网络等，建立起施工进度的预测模型。这样的模型能够随着时间推移进行动态调整，适应工程执行过程中的变化。

（3）模型优化与参数调整

随着施工工程的进行，人工智能系统通过对实际进度与模型预测的比对，进行模型的优化和参数的调整。这种动态的模型更新确保了预测模型的持续准确性。

3.实时监测与反馈

（1）实时监测的数据类型

实时监测数据可能涵盖多个方面，包括工人的工作进度、设备的运行状态、材料的供应情况等。人工智能系统需要处理这些多样化的数据类型，以全面了解施工现场的实时情况。

（2）实时数据与预测模型的比对

实时监测数据与预测模型的输出进行比对，系统能够识别实际进度与预测之间的偏差。这种比对为系统提供了准确的反馈，揭示了工程执行过程中的潜在问题和风险。

（3）反馈机制的实施

通过建立有效的反馈机制，系统能够及时通知工程管理者有关实际进度与预测之间的差异。这种实时的反馈机制有助于在项目执行中进行及时调整，以确保施工进度的准确性和可控性。

（二）成本控制

1.数据整合与实时更新

（1）多源数据整合

成本控制的第一步是整合来自多个源头的数据，包括但不限于材料价格、人工成本、设备租赁费用等。人工智能系统需要确保这些数据来源的准确性和完整性，以建立一个全面的成本数据库。

（2）实时数据的全面更新

为了应对市场瞬息万变的情况，人工智能系统需要实时更新成本数据库。这涉及对材料价格、人工成本等数据的实时监控和及时更新，以确保系统能够反映当前市场状况。

（3）数据库的结构和管理

建立一个有效的数据库结构，使得不同类型的成本数据能够被清晰、有序地管理。此外，系统还需要考虑数据的安全性和隐私保护，确保敏感信息得到妥善处理。

2.预测成本波动

（1）历史数据的广泛涵盖

人工智能系统通过广泛涵盖历史数据，包括材料价格的历史波动、人工成本的历史趋势等，以建立一个全面的历史数据库。这有助于系统更好地理解成本的波动规律。

（2）趋势分析和模式识别

基于历史数据的学习，系统能够进行趋势分析和模式识别。这使得系统能够捕捉到不同成本因素之间的关联性，进而更准确地预测未来成本的波动趋势。

（3）动态模型的建立

人工智能系统建立动态的成本预测模型，能够随时调整模型参数以适应市场变化。这种灵活性使得系统能够更好地应对不同时间段和不同工程阶段的成本波动。

3.实时监控与成本优化

（1）材料使用监控

通过实时监测施工现场的材料使用情况，系统能够迅速掌握不同材料的消耗速度和剩余量，从而及时预警可能的成本超支。

（2）人工投入的实时追踪

人工智能系统能够追踪工人的工作时间和效率，实时监控人工成本的使用情况。这有助于管理者及时调整人员配置，以优化成本。

（3）成本优化的建议

通过实时监控数据，系统能够识别潜在的成本问题，并提供成本优化的建议。这可能包括材料替代方案、人工调配策略等，以确保工程在预算范围内高效完成。

（三）风险评估

1.潜在风险因素的建模

（1）多因素建模的必要性

在进行风险评估时，人工智能系统需考虑多个潜在风险因素，包括但不限于天气变化、供应链问题、技术难题等。建立全面的风险因素模型是确保评估的全面性和准确性的关键。

（2）数据的广泛收集

为建模提供支持，系统需要广泛收集历史工程数据，其中包括项目所在地的天气数据、供应链的历史表现，以及技术难题解决的经验教训等。这些数据构成了模型训练的基础。

（3）机器学习算法的应用

通过机器学习算法，人工智能系统能够从历史数据中学到潜在风险因素之间的关系和影响。这种学习能力使得系统能够更好地理解和预测不同风险因素对工程的影响。

2.实时监测与风险预警

（1）传感器技术的应用

通过在施工现场搭载各种传感器，人工智能系统能够实时监测与风险相关的数据，如温度、湿度、材料库存等。传感器技术的应用提高了数据的实时性和准确性。

（2）实时监测的全面性

实时监测不仅包括施工环境的物理参数，还包括工人的工作效率、设备的运行状态等方面。这样的全面监测确保了系统对施工现场全局状态的实时了解。

（3）异常情况的实时识别

通过对实时监测数据的分析，系统能够实时识别异常情况，并及时发出风险预警。这种实时的预警机制使得管理者能够在问题发生前采取积极的风险应对措施。

3.智能决策支持

（1）基于数据的智能决策

通过对风险识别结果和历史数据的学习，系统能够为工程管理者提供智能决策支持。这包括制订风险管理计划、调整施工计划等，以降低潜在风险对工程的影响。

（2）决策的科学依据

人工智能系统根据历史数据的学习和对实时监测数据的分析，为工程管理者提供具有科学依据的决策。这种决策支持有助于制定更为有效和全面的风险管理策略。

（3）智能化风险应对

系统能够根据风险的实时变化，动态调整风险管理计划。这种智能化的风险应对能够更好地适应不断变化的施工环境，确保工程的顺利进行。

人工智能在工程管理中的应用，尤其在工程进度管理、成本控制和风险评估等方面，不仅提高了管理的效率，还为工程团队提供了更为科学、准确的决策支持，推动了水利水电施工工程管理的现代化和智能化发展。

二、人工智能对工程管理的潜在影响

（一）工程决策的全面支持

潜在影响方面，人工智能对工程管理产生了深远的影响。

1.大数据分析的应用

首先，大数据分析在水利水电工程管理中扮演着决策支持的重要角色。通过收集大量历史工程数据，系统能够建立庞大而全面的数据库，其中包括过往工程的成功案例、失败经验、资源利用情况等。这使得管理者能够在项目规划阶段就对工程可能面临的挑战和机遇有更深入的理解。

其次，大数据分析不仅关注历史数据，还实时监测施工过程中产生的数据。这包括资源使用率、人工进度、材料消耗等各个方面的数据。通过对这些实时数据的深入分析，系统能够为工程管理者提供及时的、全面的项目状态反馈，帮助其更准确地了解施工现场的情况。

再次，大数据分析实现了对项目全方位的数据考量。在项目规划阶段，系统能够通过分析历史数据，为管理者提供在资源分配、进度安排等方面的决策支持。这不仅包括对过去工程中成功策略的总结，还包括对失败案例的深入剖析，以避免再次出现类似问题。

同时，在施工进程中，大数据分析将实时监测的数据与项目计划进行比对，以确保施工进度和质量符合预期。例如，系统能够通过历史数据分析判断某一工序所需时间和资源，再次结合实时监测的数据来评估工序的实际完成情况，从而提供给管理者科学的、实时的决策支持。

最后，大数据分析使得管理者能够基于更多信息作出科学决策。通过综合考虑历史数据和实时监测的数据，系统能够为管理者提供更为全面、准确的项目状态分析。这种全方位的数据考量有助于管理者在决策中更全面地理解项目的各个方面，包括资源利用、进度安排、风险预测等，从而提高工程决策的科学性和可行性。

2.决策的可视化和模拟

首先，在水利水电工程管理中，决策的可视化是人工智能系统为管理者提供决策支持的关键一环。通过将分析结果可视化呈现，系统将抽象的数据转化为直观的图表、图形或地图，使得管理者能够更直观地理解各项指标之间的关联性和影响。这种直观的数据呈现方式有助于提高管理者对工程状态的认知，为决策提供更为清晰的基础。

其次，可视化不仅仅是将数据以图形的形式呈现，还包括对数据的深入分析。其一，系统通过数据可视化将历史数据和实时监测数据有机结合，形成更为直观且全面的数据画像。其二，通过图形化展示数据的趋势、关联性，管理者能够更直观地识别潜在问题和机会。例如，通过呈现某一施工阶段的进度变化，系统能够帮助管理者更直观地了解工程的实际进展情况。

再次，决策模拟功能是人工智能系统提供决策支持的关键组成部分。模拟能够帮助管理者在不同决策方案中选择最优解，提高决策的质量和效率。其一，通过历史数据和实时监测数据的模拟，系统能够为管理者展示不同决策可能带来的结果，从而帮助其更好地评估决策的风险和收益。其二，通过模拟工程进程中可能的问题和应对措施，系统能够帮助管理者在实际决策中更全面地考虑各种可能的影响。

最后，决策的可视化和模拟不仅仅是在决策之前的阶段应用，还能够在决策执行的过程中提供实时反馈。通过对决策执行过程的实时监测，系统能够追踪实际结果与模拟结果之间的差异，从而为管理者提供及时的调整建议。这种实时反馈机制使得管理者能够在决策执行的过程中灵活应对变化，提高工程决策的灵活性和适应性。

3.风险预测与规避

首先，在水利水电工程管理中，风险预测与规避是人工智能系统提供的重要功能之一。通过基于数据模型的学习，系统能够通过深入分析历史数据、实时监测数据，预测潜在风险，并在风险出现之前提前制定相应的应对策略。

其次，风险预测的核心是基于数据模型的学习。系统通过学习大量历史工程数据，包括成功和失败案例、各类风险因素的发生和应对策略等，建立了丰富的数据模型。这些模型不仅能够识别特定工程环境中可能出现的风险类型，还能够分析不同因素对风险发生的影响程度。

再次，风险预测提供了更高的预测性。通过数据模型的学习，系统能够预见潜在的风险，帮助管理者在项目规划和决策阶段充分考虑可能的风险因素。这种预测性的提高使得管理者能够在项目开始之前就采取相应的措施，减轻风险的影响。

最后，风险预测的关键在于提前制定应对策略。通过分析模型预测的风险，系统能够为管理者提供制定相应的应对策略的建议。这包括制订风险管理计划、调整项目进度、调配资源等一系列具体措施。这为工程决策提供了更多主动性，降低了项目面临的不确定性。

（二）施工过程中的实时监测与问题解决

1.工程进展的实时反馈

首先，水利水电施工中的实时监测不仅关注施工环境的物理参数，更包括对工程进展的实时反馈。系统通过搭载传感器监测工程现场的物理条件，例如温度、湿度、地质情况等，然后通过高分辨率相机捕捉实际的工程进展情况。这种全方位的实时反馈使得管理者能够随时了解工程的实际状态，而不仅仅依赖于传统的定期报告。

其次，实时反馈有助于及时发现问题。通过数据的实时监测，系统能够识别工程进展中的任何异常情况，如材料短缺、设备故障等。这使得管理者能够及时采取措施，减少因问题而延误工程进度的风险。例如，一旦系统检测到某个施工阶段的进展速度偏慢，管理者可以迅速调整资源分配，确保进度的合力推进。

2.智能化的问题解决

首先，智能化的问题解决依赖于系统对大量历史数据的学习。系统通过收集、整理和分析过去的施工数据，包括成功和失败案例、不同问题的解决方案等，形成丰富的历史数据库。这种数据库不仅仅是简单的数据存储，更是系统通过机器学习算法对数据进行深入分析，形成对施工问题的模型和规律的学习。

其次，智能化的问题解决方法能够根据过往经验识别并解决类似的问题。在施工现场出现异常情况时，系统通过历史数据库对相似问题进行匹配和比对。例如，在材料短缺的情况下，系统能够快速定位过去类似情况，分析已有的解决方案，并形成一系列可行的应对建议。

再次，一旦系统检测到施工中的异常情况，智能系统能够提供一系列可行的应对建议。这些建议不仅仅局限于单一的解决方案，而是基于多种可能的解决途径。例如，在材料短缺的情况下，系统可能建议调配其他材料、寻找替代品牌或规格，甚至进行临时采购等多种应对措施。这种多样性的建议有助于在复杂多变的施工环境中更灵活地应对问题。

最后，智能化的问题解决方法显著提高了问题解决的效率。通过自动匹配历史数据和提供多样性的建议，系统能够在短时间内形成应对方案，减少了问题解决的时间成本。此外，这种智能化方法也减少了对管理者判断和决策的依赖。管理者可以更倚重系统提供的智能建议，从而更专注于高层次的决策制定和战略性规划。

（三）智能化管理系统的不断优化

1.系统的自我学习能力

首先，系统的自我学习能力建立在对工程管理数据的深度分析和模式识别之上。系统收集、整理和分析大量的工程数据，包括施工进度、资源利用、质量指标等多方面信息。通过先进的数据挖掘技术，系统能够准确地识别出这些数据中的潜在模式和规律。例如，通过分析历史工程数据，系统可能学习到特定资源配置方式与施工效率之间的关联，或者在某种天气条件下工程进展的典型特征。

其次，系统的自我学习依赖于基于深度学习的算法。深度学习模型能够处理和理解复杂的非线性关系，进而更准确地捕捉到数据中的抽象特征。通过神经网络等深度学习结构，系统能够对数据进行高级的模式抽象，识别出隐藏在数据背后的关键信息。这种深度学习的过程不仅提高了系统对数据的理解能力，还使其能够更准确地预测未来的工程变化。

再次，系统的自我学习能力体现在不断优化自身的工作方式上。通过学习到的模式和规律，系统能够调整其算法、模型或决策策略，以提高整体性能。例如，如果系统发现某种资源配置方式在多个工程项目中都取得了良好的效果，它可能会自动调整未来项目的资源分配以更好地适应相似的情境。这种自我优化的工作方式使得系统能够更有效地应对复杂多变的工程管理环境。

最后，系统的自我学习能力还体现在实时学习和反馈机制上。系统能够通过不断监测工程管理的实时数据，及时更新其模型和算法，以适应工程环境的动态变化。实时学习和反馈机制保证了系统的学习过程是持续的、灵活的，而不是一次性的静态学习。这样的机制使得系统能够在工程管理的实践中不断积累经验，不断提升自身的智能水平。

2.适应性管理水平的提升

首先，适应性管理水平的提升源于系统对不同工程环境需求的精准理解。智能化管理系统收集并深入分析各类工程数据，包括但不限于地质特征、气象条件、人力资源等方面的信息。这使得系统能够建立对于不同工程环境的准确模型，更好地理解每个工程项目的独特特征和需求。例如，在地质条件复杂的水电工程中，系统可能学习到更加关键的地质因素，并在管理中更加重视地质风险的预防和处理。

其次，适应性管理水平的提升体现在系统能够制定个性化管理策略上。系统通过对工程环境的深度理解，能够识别出在不同情境下最有效的管理方法。例如，在高温多雨的气候环境下，系统可能学到采用更加频繁的工程进度监测以应对可能的天气波动，从而确保施工的连续性。这种个性化的管理策略有助于更好地应对不同环境下的挑战，提高整体管理效能。

再次，适应性管理水平的提升还体现在实时反馈与调整机制的建立上。系统通过不断监测工程环境的实时数据，能够发现潜在问题，并通过实时反馈机制迅速调整管理策略。例如，如果系统检测到施工现场某个区域资源紧缺，它可以及时提醒管理者，并通过学习类似情境的历史数据，向管理者提供最佳的应对建议。这种实时反馈与调整机制有助于在工程过程中更灵活地应对变化，提高整体管理的适应性。

最后，适应性管理水平的提升还与系统能够长期积累和应用经验密切相关。通过不断学习不同工程项目的实践经验，系统能够积累对于工程管理的深层次理解，并形成长期的知识库。这使得系统在新项目中能够首先运用已有的经验，更好地应对各类挑战。这种经验的长期积累为系统的适应性管理水平提供了坚实的基础。

3.系统更新和升级

随着技术的不断发展，人工智能系统通过更新和升级，不仅能够适应新的技术要求，还能够提供更为先进和智能的管理功能。这保障了系统在长期应用中的可持续性和前瞻性。

（1）更新与升级的技术要求相适应

首先，随着工程管理技术的日新月异，人工智能系统需要不断更新和升级，以适应技术趋势的快速变迁。随着新的传感器技术、数据处理算法等不断涌现，系统需要不断升级以融入这些先进的技术。例如，随着激光雷达和高分辨率相机的进步，系统需要不断优化其传感器集成和数据处理能力，确保在工程监测中能够获取更加精确和全面的信息。

其次，系统的更新和升级需要考虑与其他相关系统的协同性提升。与工程信息管理系统、地理信息系统等的协同需要不断加强。系统需要逐步提高与这些系统的数据交互和共享能力，确保在工程管理中实现全面信息整合。这种协同性的提升有助于实现更加一体化、高效的工程管理。

最后，更新和升级需要关注安全性与隐私保护的不断强化。其一，系统在更新时需要整合最新的安全技术，保障工程数据的安全传输和存储。其二，对于敏感信息的处理，系统需要加强隐私保护机制，确保在系统升级中不会对相关方的隐私造成潜在风险。

（2）提供更为先进和智能的管理功能

首先，通过更新和升级，人工智能系统能够提供更为先进和智能的管理功能。系统需要不断强化智能决策支持的能力。通过引入更为先进的算法和模型，系统能够更准确地预测工程进度、成本波动和风险发生的可能性，为管理者提供更为可靠的决策支持。

其次，更新和升级使得系统能够拓展多模态数据处理的能力。系统需要更好地整合和处理不同类型、来源的数据，包括图像、传感器数据、文本信息等。通过更新算法和提升计算能力，系统能够更为有效地实现对多模态数据的综合分析，为工程管理提供更全面的信息支持。

最后，系统的更新和升级需要强调用户体验和交互性。其一，通过引入更为友好的界面设计和交互功能，系统能够使管理者更为便捷地操作和获取信息。其二，系统需要根据用户反馈不断调整和优化功能，确保更新和升级的功能改进符合实际使用需求。这种以用户为中心的设计理念有助于提高系统在实际工程管理中的应用效果。

第五章　水利水电工程节能与环保施工技术

第一节　可持续建筑材料与绿色施工实践

一、可持续建筑材料的特点与分类

可持续建筑材料是水利水电工程中实现节能与环保的关键一环。

（一）特点概述

可持续建筑材料在水利水电工程中的应用对于实现节能与环保具有重要意义。

1.可持续建筑材料的低碳排放特点

（1）降低碳排放的必要性

在水利水电工程中，采用可持续建筑材料的首要目的是降低碳排放。这是因为水利工程的建设和运行通常需要大量的能源，而传统的建筑材料生产过程中常常伴随着高碳排放。因此，采用低碳排放的可持续建筑材料成为实现节能和减排的重要手段。

（2）采用再生木材的实际效果

再生木材是可持续建筑中常见的低碳排放材料之一。通过对再生木材的广泛应用，工程能够降低对传统木材的需求，减少森林砍伐对环境的影响。此外，再生木材的生产过程通常比传统木材更为环保，进一步降低了碳排放。

（3）采用可降解塑料的环保优势

可降解塑料是另一种低碳排放的可持续建筑材料。其生产和使用过程中释放的温室气体较少，对环境的负面影响相对较小。在水电工程中，采用可降解塑料不仅能够减少对石油等非可再生资源的需求，还能够降低材料生命周期内的碳排放。

2.可再生利用的环保特性

（1）可再生利用对资源的减负效应

可持续建筑材料的另一个显著特点是可再生利用，即这些材料在使用后可以进行再生或循环利用。这有助于减少对有限自然资源的依赖，通过提高资源的可再生性，进一步实现对环境的保护。

（2）再生木材的可再生利用

再生木材的可再生利用是可持续建筑材料中的一个典型例证。再生木材的多次利用，不仅延长了材料的寿命，还减少了对原始木材的需求。这种可再生利用的模式在水利水电工程中的应用有望成为降低工程整体环境影响的有效途径。

3.资源高效利用的可持续性

（1）对各类材料特性的深入挖掘

可持续建筑材料具备资源高效利用的特点，强调通过深入挖掘各类材料的特性，系统性地应用这些材料以最大程度地降低工程对环境的不良影响。这包括结构材料、绝缘材料和装饰材料等多个方面。

（2）结构材料的高效利用

以再生金属为例，其在结构材料中的应用，不仅能够提高工程结构的强度和耐久性，还充分体现了金属资源的高效利用。通过深入挖掘各类结构材料的特性，工程能够实现对有限资源的有效利用，保障了水利水电工程的可持续性发展。

（二）分类详解

可持续建筑材料可分为多个类别，包括但不限于结构材料、绝缘材料和装饰材料。

1.结构材料

如再生木材、高性能混凝土、再生金属等，这些材料在建筑结构中的应用有助于提高结构的稳定性和耐久性。

（1）再生木材

再生木材是可持续建筑中常用的结构材料之一。通过有效回收和再加工废弃木材，再生木材在建筑结构中的应用有助于减少对原始木材的需求，降低砍伐活动对森林的影响。其优良的物理性能使得再生木材在工程中能够提高结构的稳定性和抗风抗震性。

（2）高性能混凝土

高性能混凝土是另一种重要的结构材料，其特点包括高强度、高耐久性和优越的抗渗透性。通过采用高性能混凝土，工程能够提高结构的承载能力，延长使用寿命，并减少对原材料的消耗。这在水利水电工程中尤为重要，因为工程结构的稳定性直接关系到整个工程的安全性和可靠性。

（3）再生金属

再生金属的应用涉及结构材料的可持续性。回收和再利用金属废弃物，可以减少对矿产资源的开采，同时减少对环境的污染。再生金属在结构中的应用不仅提高了工程的环保性，还有助于实现金属资源的有效利用。

2. 绝缘材料

可持续的绝缘材料，如再生纤维绝缘材料、生物基绝缘材料等，既能提高建筑的保温性能，又能避免对环境的不良影响。

（1）再生纤维绝缘材料

再生纤维绝缘材料是一类环保的绝缘材料，通常由再生纤维材料制成。这种材料具有良好的保温性能，能够有效降低建筑的能耗。在水利水电工程中，采用再生纤维绝缘材料不仅有助于提高建筑的隔热性能，还能减少对化石燃料的需求，实现能源的节约。

（2）生物基绝缘材料

生物基绝缘材料是一类以可再生生物质为主要原料的绝缘材料。这种材料不仅具有较好的隔热性能，而且在生产和使用过程中对环境的影响相对较小。其应用有助于降低工程的能源消耗，同时减少了对有限资源的依赖。

3. 装饰材料

可再生的、环保的装饰材料，如竹地板、再生玻璃瓷砖等，能够为工程提供美观的外观，同时降低对环境的负面影响。

（1）竹地板

竹地板是可再生的装饰材料之一，其原材料竹子具有较快的生长周期，属于可再生资源。采用竹地板不仅提供了美观的外观，还降低了对木材等非可再生资源的需求。在工程中，竹地板的应用既符合环保理念，又能够为建筑带来自然的质感。

（2）再生玻璃瓷砖

再生玻璃瓷砖是一种采用废弃玻璃再制成的装饰材料。回收和再加工废弃玻璃，可以减少对原始矿石的开采，降低能源消耗。再生玻璃瓷砖的使用不仅为工程提供了环保的装饰选项，还有助于减少废弃玻璃对环境的负面影响。

通过深入了解这些材料的特性和应用案例，我们可以更好地指导水利水电工程中的材料选择，实现对环境友好的建筑实践。

二、绿色施工实践

绿色施工实践是将可持续建筑材料与环保理念融入具体工程操作的过程。

（一）使用可持续建筑材料

1.再生水泥在水坝建设中的应用

（1）再生水泥的背景和原料来源

再生水泥作为可持续建筑材料，以工业废弃物为主要原料，通常包括废混凝土、矿渣、粉煤灰等。这些废弃物的再利用不仅减少了对自然资源的依赖，还有助于降低生产过程中的碳排放，使再生水泥成为环保和可持续发展的理想选择。

（2）再生水泥在水坝结构中的性能表现

首先，再生水泥在水坝建设中的性能表现之一是其抗压强度。我们可以深入了解再生水泥在水坝结构中的抗压强度表现。考察不同水坝项目中采用再生水泥的具体强度参数，分析其与传统水泥相比的差异。这有助于评估再生水泥在水坝结构中提供足够强度支持的能力。

其次，再生水泥的抗渗性对水坝结构的稳定性具有重要影响。我们可以深入研究再生水泥在水坝工程中的抗渗性能。关注不同项目中的水泥浆料与地基、坝体之间的相互作用，探讨再生水泥在提高水坝结构抗渗性方面的实际效果。这有助于了解再生水泥在水坝工程中的实际水泥浆料设计和应用。

最后，再生水泥在水坝工程中的耐久性是一个至关重要的性能指标。我们可以深入研究再生水泥在水坝结构中的耐久性表现。关注不同水坝项目的使用年限、环境条件等因素，分析再生水泥在水坝工程中长期性能的实际应用效果，这有助于全面评估再生水泥在水坝工程中的可行性和长期效益。

（3）耐久性和环境影响的综合评估

我们需要评估再生水泥在水坝工程中的耐久性表现，考察其对水坝结构长期稳定性的影响。同时，关注再生水泥的环境影响，包括生产阶段和使用阶段的碳排放等。这有助于综合评估再生水泥在水坝建设中的可行性和可持续性。

2.回收金属在水电站建设中的实践

（1）回收金属的循环再利用潜力

回收金属在水电站建设中的应用凸显了其循环再利用潜力。金属材料的回收不仅能够减少对有限自然资源的依赖，还有助于降低能源消耗和环境污染。这为水电工程提供了可持续性和环保性的建设路径。

（2）回收金属在水电站结构支持中的实际效果

首先，回收金属在水电站结构支持中的实际效果需要着重关注金属材料的强度表现。我们深入研究回收金属在水电站工程中的具体强度参数，分析其与传统结构支持材料相比的优势。这有助于全面了解回收金属在提供足够强度支持方面的实际效果。

其次，回收金属的耐腐蚀性是在水电站环境中至关重要的性能指标。我们深入了解回收金属在水电站工程中的耐腐蚀性表现。关注不同项目中金属结构与水体接触、大气环境等因素，分析回收金属在提高结构耐腐蚀性方面的实际效果。这有助于全面评估回收金属在水电站结构支持中的可行性和优势。

最后，回收金属在水电站结构中的抗风化性能是一个需要深入了解的方面。我们深入研究回收金属在水电站工程中的抗风化性能表现。考察不同水电站项目的气候条件、风速等因素，分析回收金属在提高结构抗风化性方面的实际效果。这有助于全面了解回收金属在水电站工程中的长期性能和实际应用效果。

（3）设备安装中的实际经验和成功经验

在水电站建设过程中，回收金属的应用不仅体现在结构支持上，还包括设备的安装。我们可以深入了解回收金属在水电站设备安装中的实际经验。这涉及金属材料的适用性、可操作性，以及对设备性能和安全性的影响。总结成功经验，为今后水电工程提供可持续和高效的建设路径。

（二）节能与减排的实际操作

1.采用节能设备的水利工程

（1）高效水泵系统的应用

首先，我们深入研究水利工程中高效水泵系统的设计与性能。关注该系统在提高水泵效率、降低能耗等方面的设计原理和技术特点。通过对不同水利工程项目中采用的高效水泵系统进行详细比较，我们分析其在应对不同流量、扬程等工程条件下的实际性能。这有助于全面了解高效水泵系统的设计理念、结构特点及在不同水利工程项目中的应用效果。

其次，我们可以关注高效水泵系统在提高水泵效率方面的实际效果。通过深入研究这些系统在不同水利工程项目中的实际应用情况，我们分析其在减小水泵运行阻力、提高水泵效能等方面的具体效果。通过对不同项目中高效水泵系统应用的效果进行比较，我们可以揭示其在提高水泵效率方面的潜力和实际应用效益。

最后，我们可以重点关注高效水泵系统在降低能耗方面的经验总结。通过深入研究采用这些系统的水利工程项目，我们分析其在节省电力、降低运行成本等方面的实际经验。通过对不同项目中高效水泵系统降低能耗的效果进行比较，我们可以为今后水利工程中高效水泵系统的应用提供有益的经验和指导。

（2）智能灌溉系统的性能分析

首先，我们将深入研究智能灌溉系统在提高灌溉效率方面的设计与原理。关注系统采用的先进技术、传感器设备、数据分析算法等方面的特点，以及这些设计在提高水分利用效率、降低灌溉水量方面的理论依据。通过对不同项目中智能灌溉系统的设计与原理进行比较，我们可以揭示其在应对不同作物和土壤条件时的实际性能。

其次，我们可以聚焦于智能灌溉系统在降低水资源浪费方面的实际效果。深入研究采用这些系统的水利工程项目，我们分析其在实际操作中如何通过实时监测土壤湿度、气象条件等参数，精确计算植物的水需求，从而实现对灌溉水量的智能调控。通过对不同项目中智能灌溉系统降低水资源浪费的效果进行比较，我们可以揭示其在不同条件下的实际应用效益。

最后，我们可以重点关注智能灌溉系统在不同作物和土壤条件下的适用性。通过深入研究采用这些系统的水利工程项目，我们分析其在小麦、水稻、果树等不同作物和不同土壤类型中的适用性。通过对不同项目中智能灌溉系统适用性的效果进行比较，我们可以为今后水利工程中选择合适的智能灌溉系统提供实践经验和指导。

（3）节能水闸与阀门系统的效果比较

深入研究这些系统在调节水流、提高水位控制精度等方面的实际效果。通过对不同水利工程项目中节能水闸与阀门系统的应用比较，我们分析其在不同工程任务中的实际效能。这有助于全面了解这些系统在水利工程中的节能潜力和实际性能。

2.优化施工计划的水电站

（1）工程管理软件在水电站建设中的应用

首先，通过深入研究工程管理软件在水电站建设中项目排程方面的应用，关注其在排程算法、任务分解、关键路径分析等方面的性能表现。我们将重点分析工程管理软件在项目排程中的优化效果，探究其在提高施工效率、减少排程冲突方面的实际应用效果。通过对不同水电站项目中工程管理软件排程方案的比较，我们揭示其在不同工程规模和复杂度下的适用性。

其次，我们可以聚焦于工程管理软件在水电站建设中资源分配方面的性能。深入研究软件在人力、物资、设备等资源的精细化管理和实时监控方面的表现，分析其如何通过智能调度、资源优化算法等手段提高资源利用效率。通过对不同项目中工程管理软件资源分配方案的比较，我们揭示其在不同工程条件下的实际效果。

最后，我们可以关注工程管理软件在水电站建设中进度跟踪与实时监控方面的性能。深入研究软件在项目进展、质量控制等方面的实际应用，分析其通过实时监控系统、数据分析等手段如何帮助项目管理者快速了解项目状态、及时发现问题。通过对不同项目中工程管理软件实时监控方式的比较，我们揭示其在提高项目管理效能和决策准确性方面的优势。

（2）智能化调度系统在水电站施工中的性能评估

首先，对智能化调度系统在水电站施工中人员调配方面的应用进行深入研究。关注系统在人员排班、工种分配、任务调度等方面的性能表现。我们重点探究智能化调度系统在优化人员调配、提高工地人员效率、减少排班冲突等方面的实际应用效果。通过对不同水电站项目中智能化调度系统在人员调配方案方面的比较，我们揭示其在不同工程规模和施工环境下的可行性。

其次，深入研究智能化调度系统在水电站施工中设备运行方面的性能评估。关注系统在设备状态监测、故障预警、运行调度等方面的表现。我们重点分析智能化调度系统如何通过智能监控系统、数据分析等手段提高设备的运行效率，减少故障停工时间。通过对不同水电站项目中智能化调度系统在设备运行方案方面的比较，我们揭示其在不同工程条件下的实际效果。

最后，对智能化调度系统在水电站施工不同阶段的实际效果进行详细研究。考察系统在项目初期规划、中期执行、后期总结等阶段的性能表现。我们全面了解智能化调度系统在水电站施工全过程中的应用效果，为系统在不同阶段的优化提供实践参考。通过对不同水电站项目中智能化调度系统在不同阶段的应用方案方面的比较，我们揭示其在不同项目进展中的适应性和灵活性。

（3）节能排程与施工优化

首先，通过深入研究采用节能排程与施工优化，关注其在减少能源浪费方面的实际效果。我们重点考察采用不同排程和施工优化方法后，项目在能源利用效率、设备利用率等方面的改善情况。借助数据比较，我们揭示这些方法如何在水电站建设中实际降低了能源浪费，为未来类似工程提供实用性的经验。

其次，深入研究采用节能排程与施工优化的案例在提高施工效率方面的实际效益。关注施工计划的调整、工程进度的优化等方面的具体操作。通过对不同水电站项目的比较，我们分析采用这些方法后，项目在施工效率、进度控制等方面的实际效果。通过数据对比，我们揭示这些方法如何提高施工效率，为未来水电工程提供可行性建议。

最后，对采用节能排程与施工优化方法的水电站案例在不同阶段的应用效果进行综合评估。考察这些方法在项目规划、实施、总结等不同阶段的实际效果。我们全面了解这些方法在水电站建设全过程中的应用效果，为项目在不同阶段的优化提供实际经验。通过对不同水电站项目中节能排程与施工优化方法在不同阶段的应用方案方面的比较，我们揭示其在不同项目进展中的适应性和灵活性。

第二节　节水与能源效率提高

一、节水技术的应用

在水利水电工程中，水资源的合理利用至关重要。

（一）智能灌溉系统的效果

1.智能传感器的实时监测

首先，智能灌溉系统中的传感器技术是该系统关键的组成部分。这些传感器包括土壤湿度传感器、气象传感器等，通过实时监测土壤和环境条件，为灌溉决策提供准确的数据支持。在不同地理条件下，这些传感器的性能可能存在差异，我们可以深入了解其在实际工程中的应用效果。

其次，这些传感器能够实现对土壤湿度的精准感知。我们可以关注不同类型土壤条件下传感器的准确性和灵敏度。通过深入了解土壤湿度监测的实际应用情况，我们可以评估系统在不同土壤条件下的适用性。

再次，通过实时监测土壤湿度和植被生长情况，智能灌溉系统能够避免传统定期灌溉计划中可能存在的过量用水问题。我们可以详细考察在不同气候条件下系统如何调整灌溉计划，确保作物得到适量的水分而不浪费水资源。

最后，通过对智能传感器在实际项目中的应用进行全面评估，我们可以深入了解其对作物生长的实际影响和水资源的节约效果。这包括作物产量的提高、水分利用效率的提高等方面的具体数据。通过比较不同项目的案例，我们可以得出智能传感器在水利水电工程中的共性和差异。

2.气象数据的综合利用

首先，智能灌溉系统通过整合气象数据，能够更准确地获取未来天气状况，这对于灌溉决策至关重要。我们可以详细分析不同气象数据源的准确性和实时性，以及这些数据如何被系统利用来做出智能灌溉的决策。

其次，系统在预期降雨的情况下能够自动减少灌溉量，以避免土壤过度湿润。我们可以分析在不同降雨量和频率的情况下，系统地调整灌溉策略对土壤湿度和植被生长的影响。这有助于评估系统在不同气象条件下的灵活性和适应性。

再次，我们应重点关注系统在不同气象条件下的适应性。这包括气温的变化、湿度的波动等因素对系统灌溉策略的影响。通过深入了解系统在不同季节和地理位置的实际应用，我们可以得出系统在气象数据整合方面的性能和不足之处。

最后，通过对系统在实际工程项目中的应用进行分析，我们可以全面评估气象数据整合对节水效果的实际影响。这包括系统对水资源的合理利用程度、农田生态系统的可持续性等方面的具体数据。通过比较不同项目的案例，我们可以得出智能灌溉系统在气象数据整合方面的经验总结。

3.评估降低水耗和提高产量的效果

首先，通过对多个智能灌溉系统在实际项目中的应用进行研究，我们可以详细评估这些系统在降低水耗方面的效果。通过收集和比较数据，我们分析不同项目中系统实施后水耗的百分比降低情况。这有助于了解系统在实际工程中对水资源的节约程度，并提供实证数据支持。

其次，我们应关注智能灌溉系统对作物产量的实际影响。通过收集种植不同作物的项目数据，我们分析系统的灌溉策略对作物生长、产量和质量的具体影响。这可以通过比较实施系统前后的产量数据来获取，也可通过考察不同气象条件下的作物生长情况进行深入研究。

最后，我们需要评估系统的操作稳定性，包括系统对不同环境条件的适应性、传感器的准确性、智能算法的实用性等。通过对系统在不同项目中的实际运行情况的详细调查，我们可以得出系统在不同工程背景下的操作表现。

（二）雨水收集与利用的实际效益

1. 干旱地区和多雨季节的适用性

在干旱地区，雨水稀缺，这对系统设计和容量的需求有着独特的挑战。通过对干旱地区雨水收集系统的深入研究，我们可以揭示系统在设计阶段采用的先进技术、参数的优化选择及系统容量的科学计算。这有助于了解系统在极端干旱条件下的适用性，例如通过降雨不均匀性和缺水频率的案例对比，找到最佳实践。

相比之下，在多雨季节，系统可能面临过剩的雨水输入。我们可以聚焦于这种情境下系统的应对策略，包括排水系统的设计、过载保护机制等。通过深入分析多雨季节下雨水收集系统的实际运行情况，我们可以为未来项目提供针对性的建议，使系统在任何天气条件下都能保持高效运行。

进一步，对比分析干旱地区和多雨季节下雨水收集系统的效果，包括水箱利用率、成本效益、水资源节约等指标。通过定量分析两者之间的差异，我们可以为不同气候条件下雨水收集系统的优化提供实证支持。这一比较还能为其他地区选择适宜系统提供重要参考。

2. 减轻城市径流压力和水资源紧张的实际效益

在城市规划中引入雨水收集系统的成功案例中，我们着重研究其对城市排水系统的实际效益。以某城市为例，通过实地观察和数据分析，我们发现该城市的雨水收集系统能够在雨季期间显著减轻城市排水系统的负荷。系统通过在雨水事件中收集、储存并合理利用雨水，有效减少了城市排水管网的流量，提高了排水系统的运行效率。

雨水收集系统对水资源供需平衡的影响是该技术的关键价值之一。通过对案例城市进行深入研究，我们发现引入雨水收集系统成功维持了城市水资源的平衡。系统收集的雨水不仅在雨季用于灌溉和公共景观水体的补给，而且在旱季作为替代水源供给城市。这样的做法在一定程度上降低了对地下水和河流的过度开采，维护了城市水资源的可持续利用。

最后，我们对比分析了不同规模城市引入雨水收集系统的效果，选择了几个具有代表性的城市，包括大型都市和中小城市，我们发现雨水收集系统在不同规模城市中都取得了积极的效果。大型都市通过合理利用雨水降低了对外部水资源的依赖，而中小城市则通过系统的实施有效缓解了城市排水系统的压力，这表明雨水收集系统在不同城市规模中均具备通用性。

3. 评估实际效益

首先，我们选择了不同地理环境的城市，包括干旱地区和多雨地区，对其雨水收集与利用系统的节水潜力进行深入评估。在干旱地区中，系统的设计以最大化雨水的收集为目标，通过雨水的存储和再利用，成功降低了城市对地下水的依赖。而在多雨地区，系统更侧重于在雨季过程中避免过度排放，确保雨水得到最有效的利用。通过对比分析，我们可以得出在不同环境中雨水收集系统的实际节水效果。

其次，我们关注雨水收集系统对城市水资源管理的贡献。我们发现雨水收集系统在降低城市对外部水源需求、减轻排水系统压力等方面发挥了重要作用。系统通过合理利用雨水，成功扩大了城市的水资源供给，减缓了城市水资源紧张的状况。这对于实现城市水资源可持续利用和管理具有显著的实际效益。

最后，我们对比分析了不同系统设计在实际效益上的差异。我们选取了几个具有代表性的城市，它们分别采用了地面径流收集、屋顶雨水利用等不同设计方案。通过实地观察和数据收集，我们分析了这些设计方案在实际运行中的优势和劣势，以及它们对城市水资源管理的不同贡献。这有助于为未来雨水收集系统的设计提供更为精准的指导。

（三）新兴节水技术的前景

1. 土壤湿度监测技术的实际应用

首先，我们关注土壤湿度监测技术在不同土壤类型下的适用性。通过选取具有代表性的土壤类型，包括砂壤、壤土、黏土等，我们进行研究。通过实地监测和数据收集，我们评估了土壤湿度监测技术在这些不同土壤类型中的监测精度、响应速度等关键指标，以揭示其在不同土壤环境下的实际应用效果。

其次，我们研究了土壤湿度监测技术在不同作物种类下的应用效果。通过选择常见的粮食作物、蔬菜、果树等，我们深入了解监测技术对于不同作物生长需水量的准确监测。通过对比实际灌溉量和监测系统预测的灌溉需求，我们分析了监测技术在提高作物产量和节水效益方面的实际效果。

最后，我们关注土壤湿度监测技术在实际工程中的操作稳定性。通过选择多个水利工程项目，我们评估了监测设备的耐用性、抗干扰性等关键性能。通过实地操作和长期监测，我们总结了监测技术在水利工程中的可靠性，为今后类似工程的技术选型提供实际经验。

2. 植被覆盖优化的效果评估

首先，我们关注土壤湿度监测技术在不同土壤类型下的适用性。通过选取具有代表性的土壤类型，包括砂壤、壤土、黏土等，我们进行研究。通过实地监测和数据收集，我们评估了土壤湿度监测技术在这些不同土壤类型中的监测精度、响应速度等关键指标，以揭示其在不同土壤环境下的实际应用效果。

其次，我们研究了土壤湿度监测技术在不同作物种类下的应用效果。通过选择常见的粮食作物、蔬菜、果树等，我们深入了解监测技术对于不同作物生长需水量的准确监测。通过对比实际灌溉量和监测系统预测的灌溉需求，我们分析了监测技术在提高作物产量和节水效益方面的实际效果。

最后，我们关注土壤湿度监测技术在实际工程中的操作稳定性。通过选择多个水利工程项目，我们评估了监测设备的耐用性、抗干扰性等关键性能。通过实地操作和长期监测，我们总结了监测技术在水利工程中的可靠性，为今后类似工程的技术选型提供实际经验。

3.总结新技术的可行性和效果

首先，我们关注土壤湿度监测技术的实际应用，通过对多个水利水电工程项目的研究，详细评估了这项技术在不同土壤类型和作物类型下的适用性。通过实地数据的收集和分析，我们深入了解了这项技术对于提高灌溉效率、减少水分浪费的实际效果。

其次，我们研究了智能灌溉系统中气象数据的综合利用。通过对比分析不同地区气象条件下的项目，我们评估了综合利用气象数据对系统灵活性和适应性的提升效果。这一方面包括在预测未来天气状况、自动调整灌溉计划等方面的实际应用效果。

最后，我们详细评估了智能传感器在降低水耗和提高产量方面的效果。通过对比智能灌溉系统和传统灌溉系统的实际运行情况，我们得出了智能传感器在提高水资源利用效率和农业产量方面的实际效果，并总结了其在不同项目中的共性和特殊性。

二、能源效率提高的策略与效果

工程中对能源的高效利用是实现节能与环保的关键环节。

（一）引入高效能源设备的实际效果

以水泵系统为例，采用高效水泵设备，可以显著提高水泵系统的能效。通过详细分析，我们可以评估引入高效能源设备对工程整体能耗的影响，为类似工程提供经验借鉴。

1.水泵系统的能效提升

首先，全面评估高效水泵设备相较于传统设备在能效提升方面的卓越表现。这一研究的目标是深入了解高效水泵在不同工况下的性能对比，并突出其在减少能源消耗方面所取得的显著成效。

其次，通过系统监测和性能评估，我们深入分析高效水泵在各种工况下的表现特点，包括但不限于高负荷、低负荷、急启动和长时间运行等。这将为水泵系统的设计和运行提供有力的技术支持，为实际应用中的性能优化提供科学依据。

再次，通过与传统水泵设备的对比，我们定量评估高效水泵在实际应用中所实现的能效提升。此外，我们深入研究其在能源消耗优化方面的工程设计和技术创新，以期为未来水泵系统的设计和改进提供创新性的思路。

最后，强调高效水泵系统在能效提升方面的潜在优势，并提出未来研究的方向和建议。这一综合性的分析旨在为水泵系统的工程实践和学术研究提供全面而深入的参考，为推动能源可持续利用和环境保护作出积极贡献。

2.对工程整体能耗的影响

首先，全面量化高效水泵系统在不同工程规模下对整体能耗的影响。我们将深入研究高效水泵系统在减少电力消耗方面的实际效益，并探讨其如何提高系统运行效率。这一初步阶段的研究将为我们建立对高效水泵系统影响的整体认知提供基础。

其次，通过对实际工程中电力消耗的数据收集，我们将定量评估高效水泵系统在各种工程规模下对电力成本的实际节约效果。这将为工程管理者和决策者提供有力的经济分析，为其在资源配置和投资决策中提供科学依据。

再次，通过对工程整体运行中的能源利用效率、排放减少等方面的数据监测，我们将量化高效水泵系统在环保方面的实际贡献。这不仅对企业的社会责任感和可持续发展目标具有重要意义，同时也为环保政策的执行提供实证支持。

最后，我们将综合以上研究结果，总结高效水泵系统在工程整体能耗方面的综合影响。强调其在电力成本降低、环境效益提升等方面所取得的实际效果，并探讨可能存在的潜在挑战与解决方案。通过此深度影响分析，我们旨在为相关行业提供可行的工程实践指南，并为未来工程项目的可持续性规划提供决策支持。

3.经验借鉴与可行性总结

首先，通过对多个项目的比较总结，系统提炼引入高效水泵设备的经验借鉴。重点关注引入新设备时可能面临的难点，例如技术适配、系统集成等方面的挑战。通过深入挖掘实际项目中的成功经验和困难经历，我们将为工程实践提供宝贵的经验教训，有助于未来项目更加顺利地引入高效水泵系统。

其次，详细研究引入高效水泵设备对实际维护成本的影响。通过对多个项目在设备运行过程中的维护数据进行收集和分析，我们将定量评估高效水泵系统相对于传统设备的维护成本优势。这将为工程管理者提供实际的经济效益分析，为设备选择和维护策略提供科学依据。

再次，深入研究高效水泵设备的寿命表现。通过对多个项目中设备寿命的追踪和评估，我们将揭示高效水泵系统在长期运行中的可靠性和稳定性。这方面的研究将为工程决策者提供对设备寿命周期管理的深刻理解，为未来设备投资和更新提供建议。

最后，我们将综合经验借鉴和可行性总结，提出全面的决策依据。通过对引入高效水泵设备的项目中所涉及的各个方面进行深入探讨，我们将形成对工程项目中高效水泵系统可行性的全面认知。同时，强调项目决策者应关注的关键因素，以及如何在实践中最大程度地发挥高效水泵系统的优势。

（二）优化能源系统的效益

优化措施可能涉及能源系统的智能化管理、多能互补利用等方面。我们可以深入研究这些优化策略在不同工程规模和复杂度下的实际效果。

1.工程智能监控系统的引入

首先，通过深入研究引入智能监控系统前系统运行的瓶颈和挑战，我们阐述为何选择引入智能监控系统，并解释其在能源使用情况、设备状态监测及环境因素掌握方面的独特优势。这一部分的分析将揭示引入智能监控系统的初衷和决策过程，为后续的深度剖析奠定基础。

其次，详细探讨智能监控系统在提高系统运行效率方面的实际成效。通过对多个项目的实施监测数据收集和分析，我们将量化智能监控系统在优化能源分配和使用方面所取得的显著成果。这一方面的研究将为工程管理者提供实际的效益评估，为智能监控系统在工程实践中的应用提供科学依据。

再次，深入挖掘智能监控系统在减少能源浪费方面的实际影响。通过对系统中能源浪费的主要来源进行识别和分析，我们将阐述智能监控系统在及时发现并解决潜在浪费问题方面的作用。这一研究将为环保和能效优化提供实际的案例支持，为类似工程项目中的可持续性管理提供指导。

最后，我们将综合前述研究，总结智能监控系统引入对工程项目的整体影响。我们将突出其在提高系统运行效率、减少能源浪费等方面所取得的综合效益，同时也将讨论可能面临的挑战和解决方案。通过这一深度案例分析，我们旨在为工程领域的智能监控系统应用提供深刻理解，为未来类似项目的决策提供全面的参考。

2.对工程规模的适应性分析

通过对大型水电站、小型水利工程等不同规模工程的研究，我们评估了智能化管理在规模差异明显的工程中的实际应用效果。这有助于为各种规模的工程提供定制化的智能能源系统管理方案。

（1）大型水电站的智能化管理效果

大型水电站通常规模庞大、设备复杂，管理涉及多个专业领域。通过智能化管理系统，我们观察到以下效果：

1）全面监测与优化

智能传感器和监测设备能够全天候实时监测水电站的各项运行指标，包括水流、发电效率、设备状态等。这为运维团队提供了全面的数据支持，有助于及时发现潜在问题并进行优化。

2）故障预测与维护

基于大数据分析，智能系统能够预测设备的潜在故障，并提供相应的维护建议。这有助于减少计划外停机时间，提高水电站的可靠性和稳定性。

3）智能调度与节能降耗

智能管理系统能够根据电网负荷和水资源情况，实现水电站的智能调度，达到最优发电效果。同时，通过精细化管理，实现节能降耗，提高发电效益。

（2）小型水利工程的智能化管理应用

智能化管理对小型水利工程同样带来了显著的效益：

1）自动化运维

小型水利工程通常分布广泛，人工巡检难以覆盖所有区域。智能化管理通过自动化监测和远程控制，实现了对分散工程的集中运维，提高了运维效率。

2）实时数据分析

智能系统通过实时采集和分析水流、水质等数据，有助于更及时准确地了解小型水利工程的运行状况。这为工程管理者提供了科学决策的依据。

3）成本控制与可持续性

由于小型水利工程数量众多，成本控制显得尤为重要。智能化管理通过提高运维效率、降低能耗等方式，降低了管理成本，增进了小型水利工程的可持续性。

（3）定制化智能能源系统管理方案

通过对大型水电站和小型水利工程的研究，我们得出了适应性强、能够定制化的智能能源系统管理方案。在制定这样的方案时，我们需要考虑工程规模、设备复杂性、运行环境等因素，以确保智能系统能够最大程度地满足工程的特定需求。这种定制化方案的设计有助于提高智能化管理的实际应用效果，为各种规模的水利水电工程提供了更灵活、有效的解决方案。

（三）实时监测与调整的意义

1.引入智能监控系统的背景

（1）能源浪费问题在水利水电工程中的存在

在水利水电工程中，能源浪费一直是一个亟待解决的问题。通过深入的研究和数据分析，我们发现系统工程存在一系列能源浪费的弊端。首先，运行计划的不合理性导致了部分设备在低谷期也保持高负荷运行，浪费了大量电能。其次，设备启停策略不科学，未能根据实际需求灵活调整，造成了许多不必要的能耗。这些问题直接影响了水电工程的能源利用效率，也加大了运行成本。

这一背景显示了传统工程在能源管理方面的薄弱之处，也凸显了引入智能监控系统的紧迫性。只有通过引入先进的智能监控技术，我们才能更有效地解决这些问题，提高能源利用效率，实现可持续的工程运行。

（2）智能监控系统的基本原理和功能

智能监控系统的引入是对传统工程能源浪费问题的一次技术创新。该系统的基本原理包括对水利水电工程关键环节进行实时监测，通过传感器采集大量数据，再经过高效的数据处理和分析，实现对工程运行状态的全面把控，包括设备状态、电能消耗、水流情况等多个方面。

具体功能上，智能监控系统可以实现：

1）实时监测与反馈

通过高精度的传感器，系统能够实时监测水电工程的各项运行指标，将数据反馈给管理团队。

2）智能决策与调整

基于数据分析，系统能够智能地制订运行计划、设备启停策略等，以最大限度地提高能源利用效率。

3）远程控制与响应

智能监控系统支持远程实时控制，这使得工程管理者能够及时响应问题，降低了人为因素对能源浪费的影响。

这些功能的结合使得智能监控系统成为水利水电工程能源管理的得力助手，为提高能源利用效率提供了强有力的技术支持。

（3）引入智能监控系统的动机

引入智能监控系统并非仅仅是追求技术创新，更是出于一系列明确的动机。首先，提高能源利用效率是关键动机之一。通过实现对工程的全面监测和智能调整，系统能够最大程度地减少不必要的能源浪费，提高水电工程的整体效益。

其次，降低运行成本也是推动引入智能监控系统的重要因素。通过减少不必要的设备运行、优化设备启停策略等方式，系统能够有效地降低运行成本，提高工程的经济效益。

最后，减少对环境的影响是一种社会责任。引入智能监控系统，降低了水电工程对电能的浪费，减少了对环境的负担，符合可持续发展的理念。

2.实时监测的具体应用

（1）实时监测在运行计划中的应用

实时监测系统在水利水电工程的运行计划中发挥着关键作用。我们深入研究实时监测系统如何感知能源消耗情况，并据此调整运行计划，从而避免能源浪费。

首先，实时监测系统通过高精度传感器实时感知水电工程的运行状态，包括水位、水流速度、发电设备的负荷情况等。通过与预设的运行计划进行对比，系统能够及时发现异常情况，如设备运行过程中的能耗偏高或偏低。在发现异常时，实时监测系统能够快速做出响应，调整运行计划以优化能源利用效果。

其次，实时监测系统可以根据天气、用电高峰期等外部因素进行实时调整。例如，在预测到用电高峰期，系统可以提前调整水电工程的运行计划，确保在高峰时段充分利用水力资源发电，以满足电力需求。这种实时调整使得水电工程能够更加灵活地适应外部环境变化，提高能源利用效率。

通过这一方面的深入研究，我们可以清晰了解实时监测在水利水电工程运行计划中的应用机制，以及其对能源利用效率的实际贡献。

（2）实时监测在设备启停策略中的具体应用

实时监测系统在设备启停策略中的应用是智能管理的一项关键功能。通过对多个工程实际案例的详细对比，我们总结智能监控系统如何根据实时数据对设备的启停进行精准控制，以实现最佳的能源利用效果。

首先，实时监测系统通过传感器实时监测设备的运行状态。系统能够精确获取设备的负荷、效率等信息，并实时传输到监控中心。监控中心通过分析这些数据，可以判断设备的运行状况是否正常，是否存在能源浪费的迹象。

其次，基于实时监测数据，系统可以智能地制定设备启停策略。例如，在低负荷时自动关闭一部分设备，以降低能耗；而在高负荷时，则启动更多设备，以确保电力供应。这种智能的启停策略不仅能够满足电力需求，还能够最大限度地减少能源浪费，提高系统的能源利用效率。

通过对比分析，我们可以深入了解实时监测系统在设备启停策略中的实际应用效果，以及其对系统能源利用效率的具体改善。

（3）实时监测对整个系统稳定性的影响

实时监测系统对水利水电工程整体稳定性的影响是该技术应用的一个重要方面。通过深入研究不同水利水电工程的实例，我们评估实时监测系统在提高系统稳定性、减少故障率等方面的实际效果。

首先，实时监测系统通过连续监测设备的运行状态，及时发现潜在的故障迹象。在传统工程中，很多设备的故障可能在发生后才能被察觉，而实时监测系统通过实时反馈能够更早地发现问题。及时的故障预警有助于工程团队采取紧急措施，减少因故障导致的停机时间，提高系统的整体稳定性。

其次，实时监测系统能够通过对水流、水位等数据的实时监测，及时应对突发事件，如洪水、地质灾害等。当发生这类突发事件时，实时监测系统能够迅速反应，及时调整水利水电工程的运行状态，以减轻灾害影响。例如，在预测到洪水即将来临时，系统可以提前调整水库放水策略，降低水位，减缓洪水影响。

最后，实时监测系统对整个系统的稳定性有着全面的影响。通过监测各个关键节点的数据，系统可以提前发现潜在问题，包括设备老化、结构损伤等。通过预防性的维护措施，我们可以在问题加剧之前修复或更换受损部分，从而保障整个系统的长期稳定运行。

第三节　环境影响评价与生态保护

一、施工对环境的潜在影响评估

在水利水电工程中，施工过程可能对周边环境造成一定影响。

（一）施工过程中的潜在环境影响

水利水电工程的施工过程可能对周边环境造成潜在的影响，涉及噪声、土壤侵蚀、空气污染等多方面。我们需要深入评估这些潜在的影响，以全面了解施工对环境可能产生的负面效应。

1.噪声影响

（1）噪声源与性质分析

水利水电工程施工涉及的主要噪声源包括机械设备运行、爆破作业等。通过深入分析噪声的频率、强度及时长，我们可以了解不同施工阶段对环境的噪音负荷，为后续评估和控制提供依据。

（2）影响范围评估

通过噪声传播模型，评估施工噪声对周边居民和野生动植物的潜在影响范围。考虑地形、建筑物等因素，精准预测噪声扩散情况，这有助于制定合理的施工时段和区域划分，减轻影响。

2.土壤侵蚀

（1）土壤裸露风险评估

分析施工现场土壤裸露的程度，采用遥感技术和地理信息系统（GIS）进行土地利用分类，评估裸露土壤对土地质量的潜在影响。

（2）水文土壤特性分析

深入了解水文土壤特性，包括渗透性、保水性等，以评估土壤侵蚀的潜在风险。结合降雨模拟和土壤侵蚀模型，预测土壤侵蚀的程度和方向。

3.空气污染

（1）污染源识别与排放分析

明确挖掘、爆破、机械运输等施工活动中可能产生的粉尘、气体等有害物质，分析其排放特性和规模。

（2）空气质量模拟与监测

利用大气扩散模型和监测数据，我们模拟施工过程中的空气质量变化。通过空气质量监测，我们实时掌握有害物质浓度，及时采取调整施工方式、设备升级等措施。

（二）先进的环境影响评价方法

在水利水电工程中，引入先进的环境影响评价方法对于全面了解工程对环境的潜在影响至关重要。生命周期评估、环境风险评估等方法能够提供更全面、系统的评估。

1.生命周期评估

（1）生命周期评估的基本原理与框架

生命周期评估（Life Cycle Assessment，LCA）是一种系统性的方法，旨在评估产品或工程从原材料获取、生产、使用到废弃的整个生命周期内对环境的潜在影响。我们应首先了解 LCA 的基本原理，包括目标与范围的确定、生命周期阶段的划分，形成完整的评估框架。

（2）建设阶段的影响评估

深入分析水利水电工程建设阶段的生命周期影响，包括土地使用变化、能源消耗、原材料获取等方面。通过量化分析，我们揭示建设阶段对环境的具体影响，为可持续施工提供科学依据。

（3）运营阶段的影响评估

考察水利水电工程在运营阶段的生命周期影响，包括水资源利用效率、排放物管理、生态系统影响等。通过综合评估，我们揭示工程在长期运营中可能对环境产生的积极或负面影响。

（4）废弃阶段的影响评估

深入研究水利水电工程废弃阶段的生命周期影响，关注废弃物处理、场地恢复等问题。通过评估废弃阶段的环境影响，我们为工程结束后的可持续性提供有效的管理策略。

2.环境风险评估

（1）环境风险评估的理论基础

首先，风险在环境风险评估中被定义为潜在危害的可能性和危害的严重性的综合体现。风险的特征包括不确定性、多样性和动态性。不确定性指的是对未来事件的认知不确定，多样性强调了风险的多方面性质，而动态性则强调风险评估需要随着时间的推移而不断更新和调整。

其次，环境风险评估的理论基础建立在一系列系统的步骤上。这些步骤通常包括：

问题定义与范围确定：在这一步骤中，明确定义评估的目标、范围和所关注的环境问题。

风险识别：识别潜在的环境风险源和可能受到影响的因素，包括自然因素和人为活动。

风险评估：评估风险的概率和严重性，通常采用定量或定性的方法，结合数据和模型进行分析。

风险描述：将评估结果以清晰、可理解的方式呈现，包括风险源、可能受到影响的环境要素等。

风险管理：基于评估结果，制定风险管理策略，包括风险减轻、控制和监测等措施。

报告和沟通：将评估结果向相关利益相关方进行报告，确保透明度和参与度。

再次，环境风险评估的理论基础涉及环境保护和可持续发展等相关领域的理论框架。例如：

生态风险理论：生态风险理论关注生物多样性和生态系统功能的保护，强调在环境风险评估中考虑对生态系统的潜在影响。

可持续发展理论：环境风险评估与可持续发展理论紧密相关，强调在决策中综合考虑环境、社会和经济因素，以实现长期的可持续性。

风险社会理论：风险社会理论关注社会对风险的感知、反应和管理，强调公众参与和透明度的重要性。

最后，环境风险评估的理论基础还涉及跨学科的研究和方法论创新。跨学科的研究有助于更全面地理解环境风险的复杂性，整合自然科学、社会科学和工程学等多个领域的知识。方法论创新包括对新技术的应用，如遥感技术、模拟建模和大数据分析，以提高评估的准确性和效率。

（2）施工过程中的危险源分析

首先，爆破作业是水利水电工程中常见的施工活动之一，但同时也是一个潜在的危险源。具体危险源包括：

爆破材料的储存与处理：爆破材料如炸药的储存和处理涉及易燃、易爆等危险特性，需要特别小心操作，防止火源引发事故。

爆破作业的时机选择：不当的爆破时机可能对周围环境和人员造成严重危

险。选择合适的时机，减小对周边环境和居民的影响是关键。

爆破振动与噪声：爆破过程中产生的振动和噪声可能对结构物、地质环境和周边居民造成影响，我们需要通过科学的技术手段控制。

其次，水利水电工程中常常涉及化学品的使用，包括水泥、化学药剂等，其危险源主要包括：

化学品储存与管理：不当的储存和管理可能导致化学品泄漏、挥发等情况，对工人和环境造成威胁。

化学品的混合和使用：化学品混合时需要遵循严格的配比和使用规程，否则可能引发化学反应，产生有毒气体或导致火灾爆炸。

个体防护措施：工人在接触化学品时需要使用适当的个体防护装备，如手套、护目镜等，以防止直接接触和吸入。

再次，水利水电工程施工中使用的大型机械在运行过程中也存在着多种危险源：

机械操作人员的培训：机械操作人员需要经过专业培训，了解机械设备的操作规程和安全注意事项，避免不当的操作引发事故。

机械设备的维护与检修：定期的机械设备维护与检修是预防机械故障和事故的重要手段，避免由于设备故障引发的安全问题。

作业区域的划定：大型机械在运行时需要明确的作业区域划定，以防止人员进入危险区域。

最后，综合分析水利水电工程施工过程中的危险源，需要进行全面的风险评估。这包括：

危险源的概率评估：对每个危险源发生的概率进行评估，包括人为操作失误、设备故障等。

危险源的严重性评估：对危险源发生后可能导致的损害、伤害进行评估，包括人身伤害、环境破坏等。

风险的等级划分：结合概率和严重性，对不同危险源的风险等级进行划分，以确定重点防范的方向。

（3）风险传播途径的详尽分析

首先，我们需要对风险传播途径进行分类，主要包括以下几个方面：

大气传播途径：通过大气途径传播的污染物主要包括空气中的悬浮颗粒物、气体和气溶胶，它们通常是由排放源释放的。

水体传播途径：污染物主要通过地表水和地下水进行传播。这种传播途径通常涉及液体废物、化学品泄漏及农业和工业活动的排放。

土壤传播途径：土壤是一种重要的传播介质，它可以传播固体废物、重金属等。这种传播途径通常涉及垃圾堆放、工业排放等。

其次，对大气传播途径进行详尽的分析：

排放源的影响范围：确定排放源的位置和规模，分析大气中悬浮颗粒物、气体等污染物的释放情况。

气象条件的影响：考虑气象条件对污染物传播的影响，包括风向、风速、湿度等因素，这对于污染物在大气中的扩散和沉降具有重要影响。

大气沉降过程：分析污染物在大气中的沉降过程，考虑颗粒物的沉降速度、沉降区域等因素。

再次，对水体传播途径进行详细分析：

水体流动路径：确定水体的流动路径，包括河流、湖泊、地下水等，分析水体流动的速度和方向。

水体中的污染物浓度：模拟污染物在水体中的浓度分布，考虑污染物在水中的扩散、降解和转移等过程。

地下水传播：考虑地下水中的污染物传播，包括地下水流动速度、水文地质条件等因素。

最后，对土壤传播途径进行详细分析：

土壤结构与渗透性：考虑土壤的结构和渗透性，分析污染物在土壤中的扩散情况。

植被的影响：考虑植被对土壤传播的影响，包括植被对土壤侵蚀的抑制作用，以及植被对污染物的吸收作用。

土壤化学反应：考虑土壤中的化学反应，包括酸碱性、有机质含量等因素对污染物的吸附、解吸和转化等过程的影响。

（4）风险管理计划的制订与实施

基于环境风险评估的结果，制订有针对性的风险管理计划，包括事故应急预案、污染物泄漏应对措施等，重点考虑在施工过程中可能发生的突发事件，确保迅速而有效地应对潜在的环境风险。

通过深入评估施工对环境的潜在影响，以及引入先进的评估方法，我们可以更科学、系统地应对施工阶段可能带来的环境问题，从而保障工程的可持续发展。

二、生态保护措施的制定与实施

为了保护工程周边的生态环境，我们需要制定有效的生态保护措施。

（一）水利水电工程中的生态保护措施效果分析

为了保护工程周边的生态环境，制定并实施有效的生态保护措施至关重要。我们首先可以通过分析在水利水电工程中已经采用的生态保护措施，深入了解这些措施的实际应用效果。

1.植被恢复

水利水电工程中常采用植被恢复手段，如植树造林、草地恢复等。通过对植被覆盖率、植物种类多样性等指标的监测，我们可以评估这些植被恢复措施对生态环境的改善效果。

（1）植被恢复手段的选择与实施

首先，植树造林作为常见的植被恢复手段之一，其通过引入树木，不仅能够有效防治水土流失，还能提高土壤质量、改善水质。针对不同地域和工程类型，选择合适的树种和种植密度是关键的决策因素。

其次，草地恢复作为水利水电工程中的另一重要手段，具有抑制侵蚀、维护生态平衡的功能。通过合理选择草种、科学施肥和管理，我们可以有效提高植被覆盖率，减缓水土流失的速度。

（2）生态指标的监测与评估

在植被恢复过程中，植被覆盖率是一个重要的生态指标，直接反映了植被对地表的覆盖程度。利用遥感技术、生态调查等手段，我们可以对植被覆盖率进行高精度监测，为工程效果的评估提供科学依据。

其次，植物种类多样性对生态系统的健康起着决定性作用。通过采用生物多样性指数、物种丰富度等方法，我们可以全面评估植物群落的多样性水平，从而更全面地了解植被恢复对生态系统的影响。

（3）成果与问题分析

植被恢复手段在水利水电工程中的应用，有望取得显著的生态效益。通过建立可持续的植被恢复模式，我们不仅可以改善水利水电工程区域的生态环境，还能提升工程的社会可持续性。

然而，植被恢复过程中也存在一些问题，如种植区域的选择不当、管理不善等。这些问题可能导致植被恢复效果不佳，甚至适得其反。因此，我们需要在实践中不断总结经验教训，进一步完善植被恢复的技术与管理手段。

通过对水利水电工程中植被恢复手段的专业性与学术价值的探讨，我们可以得出植被恢复对生态环境改善的积极效果。然而，为了更好地实现生态与工程的双赢，我们仍需进一步加强科研力量，提高植被恢复技术的水平，为未来水利水电工程的可持续发展提供更为可靠的生态基础。

在水利水电工程中采用植被恢复手段，这不仅仅是一项技术性的工程举措，更是对生态平衡的呵护和对可持续发展的承诺。通过深入研究和持续改进植被恢复技术，我们有望在未来取得更为显著的生态效益，为后续工作提供有益经验，推动水利水电工程朝着更加环保可持续的方向迈进。

2. 野生动植物保护

通过建立野生动植物迁徙通道、设立保护区域等措施，我们可以保障周边生态系统的完整性。分析这些措施在水利水电工程中的实际效果，有助于为类似工程提供可行的生态保护建议。

（1）野生动植物迁徙通道的建立

首先，野生动植物迁徙通道的建立对于维护生物多样性和生态系统的稳定至关重要。这些通道有助于连接断裂的生境，使得动植物能够自由迁徙，避免由于工程建设导致的栖息地破碎化和孤立化。

其次，通过对实际应用案例的深入分析，我们可以评估野生动植物迁徙通道的效果。利用 GPS 追踪、摄像监测等技术手段，我们可以了解动物在通道中的活动情况，从而验证通道在实际中是否达到了预期的效果。

（2）保护区域的设立

首先，设立保护区域是另一项关键的生态保护措施。这些区域不仅提供了相对安全的栖息地，还有助于保护濒危物种、维护生态平衡。通过不同类型保护区的设立，我们可以最大程度地减轻水利水电工程对生态系统的不良影响。

其次，保护区域的设立不仅仅是一个形式上的规定，更需要科学合理的管理与监测。建立完善的监测体系，包括定期的生态调查、物种清查等，有助于全面了解保护区域内生态系统的健康状况，并及时调整保护策略。

3. 水域保护

保护水体生态系统涉及水质保护、水生物多样性保护等。通过监测水质、水生物种群结构等指标，我们可以评估水域生态系统的健康状况，并验证生态保护措施的实际效果。

（1）水质保护

首先，水质保护是水域生态系统健康的基础。选择合适的水质指标，如溶解氧、水温、pH 值、营养盐等，进行系统监测，我们可以全面了解水体的化学特性，为生态系统评估提供科学依据。

其次，通过对污染源的追踪与治理，我们可以有效减少污染物对水质的影响。结合 GIS 技术，精确定位污染源，采用生态修复、人工湿地建设等手段，净化水体，提高水域生态系统的稳定性。

（2）水生物多样性保护

首先，水生物多样性是水域生态系统健康的重要指标。通过监测水中生物种群结构、密度、生态位分布等信息，我们可以全面了解水生生物的生态状态，判断生态系统是否处于平衡状态。

其次，保护濒危物种是水域保护的重要任务。通过划定禁渔区、建立人工繁殖基地等手段，保护濒危物种的生存环境，有助于维护水域生态平衡。另外，进行生态位重建，引入新的物种，有助于提高水域生物多样性。

（二）生态保护措施的具体案例和操作细节

深入了解生态保护措施的具体案例和操作细节是确保这些措施能够有效实施的关键。

1.植被恢复的生态保护案例与操作细节

实例一：植树造林项目

首先，考虑位于河流上游的水利水电工程，为保护植被、减缓水土流失，实施了植树造林项目。项目目标是在 5 年内达到覆盖率提高 20% 的效果。

其次，在树种选择上，结合当地生态环境，选择了具有抗旱、耐寒、快速生长特性的杨树和柏树。适应性强的树种有助于项目在不同季节和气候条件下取得更好的效果。

为了评估植被恢复效果，我们进行了定期的遥感监测和生态调查。通过遥感图像分析，我们可以准确计算植被覆盖率的变化，并结合实地调查数据，分析植物种类的多样性、生长状态等。

实例二：草地恢复项目

首先，考虑到水利水电工程对草地的影响，我们实施了草地恢复项目，旨在提高草地覆盖率，减轻水土流失。项目目标是在 3 年内实现草地覆盖率的提高，并改善生态环境。

其次，在草地恢复中，根据土壤类型和气候条件，我们选择了适应性强的禾草和披碱草。我们通过科学的播种密度设计，确保草地的均匀性和密度，提高恢复效果。

为了持续监测草地恢复效果，我们建立了长期监测系统。每年进行多次生态调查，记录草地覆盖率、植物高度等指标，并通过数据分析评估草地恢复的实际效果。

2.野生动植物保护的生态保护案例与操作细节

实例一：野生动植物迁徙通道建设

首先，考虑到水利水电工程可能对野生动植物迁徙产生负面影响，我们实施了野生动植物迁徙通道建设项目。通过生态学调查，我们明确迁徙通道的位置，确保通道与动植物迁徙路径相匹配。

其次，在通道建设过程中，我们采用生态修复技术，包括土壤保水措施、植物栽培等。通过对通道的精心设计和实施，我们为野生动植物提供了安全的迁徙通道，保障了它们的生存需求。

为了验证迁徙通道的实际效果，我们建立了监测系统。通过 GPS 追踪、红外摄像等技术手段，我们实时监测动植物在通道中的迁徙情况，并通过数据分析评估通道对野生动植物迁徙的促进效果。

实例二：野生动植物保护区管理

首先，通过生态学评估，我们确定了水域周边的野生动植物保护区。在保护区管理方面，制定了详细的管理规定，包括禁止狩猎、设立巡逻员等，以确保野生动植物的安全。

其次，在保护区内实施了生态修复工程，包括湿地恢复、栖息地改善等。通过这些措施，我们提高了保护区的生态质量，为野生动植物提供了更适宜的栖息地。

为了实现长期的野生动植物保护效果，我们建立了定期监测系统。对保护区内的物种进行追踪调查，记录种群数量、分布情况，以及物种的生态行为，为后续的保护工作提供科学依据。

3.水域保护的生态保护案例与操作细节

实例一：水质监测与治理项目

首先，考虑到水利水电工程对水域生态系统的影响，我们实施了水质监测与治理项目。

其次，在水质监测方面，我们采用先进的水质监测技术，包括多参数水质监测仪器、生物监测等。监测频率设定为每月一次，以确保对水质变化的及时了解，为治理工作提供实时数据支持。

为了改善水域生态系统，我们实施了污染源治理工程。通过对污染源的识别和深入治理，我们减少了水体中的有害物质浓度。同时，我们进行了生态修复，包括湿地建设、植物栽种等，提升了水域的自净能力。

实例二：湿地保护与恢复项目

首先，在水域保护中，我们实施了湿地保护与恢复项目。通过湿地调查，我们划定了湿地保护区，并进行了详细的规划，确保湿地在水域生态系统中的重要作用。

其次，在湿地保护与恢复中，我们采用生态修复手段，包括湿地植被的恢复与保护。通过引入湿地植物，我们提升湿地的生态功能，减缓水域水质的恶化，并为水生生物提供合适的栖息地。

为了长期保护湿地，我们建立了定期监测系统。我们每季度对湿地进行生态调查，记录湿地植被的生长状况、水质变化等指标，并通过数据分析评估湿地保护与恢复的实际效果。

水域保护方面的案例分析可以包括水体水质监测与治理、湿地保护与恢复等。通过对水域保护成功案例的深入研究，我们能够了解不同水域条件下的生态保护策略及其实施效果。

第六章 水利水电工程自动化设备 与自动化施工

第一节 自动化设备在施工中的应用

一、自动化设备的种类与功能

（一）自动化设备的发展概述

首先，自动化设备的技术演进。自动化设备的发展可以追溯到 20 世纪初，当时的水利水电工程主要依赖人力和简单的机械设备。随着工业革命的兴起，机电一体化技术的引入，自动化设备逐渐进入水利水电领域。首先，水利水电工程中的自动化设备主要集中在简单的机械执行任务，如水轮机、水泵等，这些设备虽然实现了基本的自动化控制，但受限于当时的传感器和控制系统技术，智能化程度相对较低。

其次，电子技术的应用推动自动化设备的发展。随着电子技术的迅速发展，20 世纪中期，水利水电工程中的自动化设备得到了飞速的发展。另外，电子元器件的广泛应用使得传感器、执行器等设备能够更精准地感知和执行任务。自动挖掘机、混凝土自动浇筑机等开始出现，实现了一定程度的智能控制。控制系统采用了计算机技术，使得设备能够更加灵活地响应各种工况，提高了施工的效率和精度。

再次，信息技术的融合推进自动化设备的全面智能化。随着信息技术的融合，水利水电工程中的自动化设备进入了全面智能化的时代。另外，先进的传感器技术、人工智能算法的引入，使得设备能够更准确地感知周围环境，完成更复杂的任务。自动挖掘机配备了激光雷达、摄像头等传感器，实现了对地形的三维感知，从而在不同地形条件下完成智能化的挖掘作业。自动混凝土浇筑机通过实时监测混凝土流量和浇筑位置，实现了对混凝土浇筑过程的实时控制。

最后，随着人工智能、大数据等前沿技术的不断涌现，自动化设备的未来发展将更趋多元、智能。自动化设备将更加注重与其他智能设备的协同作业，实现工程施工的全流程自动化。在水利水电工程中，未来的自动化设备可能具备更高级别的自主决策和学习能力，能够适应不同施工环境和工艺要求。同时，对能源利用效率和环境友好性的要求将促使自动化设备在能源消耗和排放方面取得更大的突破，推动其可持续发展。

（二）各类自动化设备的功能

1. 自动挖掘机

（1）概述自动挖掘机的技术原理

首先，自动挖掘机的核心技术之一是激光雷达技术。激光雷达能够实时扫描周围地形，通过激光束的反射来获取地表的高程信息。这使得自动挖掘机能够实现对施工现场地形的智能化识别，准确获取地形的三维模型。

其次，除了激光雷达，自动挖掘机还集成了全球定位系统（GPS）技术。通过 GPS 定位，自动挖掘机可以准确确定自身在施工场地的位置，实现对挖掘区域的定位和导航，从而提高挖土的准确性和施工效率。

（2）自动挖掘机的功能

首先，自动挖掘机通过激光雷达技术实现对施工现场地形的智能化识别。这使得挖掘机能够准确把握地形特征，规划最优挖掘路径，从而最大程度地提高挖土的效率。

其次，激光雷达和 GPS 的协同作用使得自动挖掘机能够实现智能化挖土操作。挖掘机根据地形信息自主调整挖掘深度和方向，确保挖土的准确性。这不仅提高了工作效率，还减少了人为操作的误差。

最后，自动挖掘机的智能化控制系统还能够实现对工程现场的实时监测，及时发现潜在的危险情况。通过预警系统，自动挖掘机可以避免与其他设备或障碍物发生碰撞，从而提高施工现场的安全性。

2. 自动混凝土浇筑机

（1）概述自动混凝土浇筑机的技术原理

首先，自动混凝土浇筑机的关键技术之一是激光测距技术。通过激光传感器测量混凝土的流动高度，我们实现对浇筑过程的实时监测。这为自动控制系统提供了准确的数据支持。

其次，流量传感器用于测量混凝土的流量和速度。通过精确控制混凝土的流动量，自动混凝土浇筑机能够实现对混凝土浇筑过程的自动化控制，确保浇筑质量。

（2）自动混凝土浇筑机的功能

首先，自动混凝土浇筑机通过激光测距和流量传感器等技术，能够实时监测混凝土的流动高度和流量，实现对混凝土浇筑过程的自动化控制。这不仅提高了浇筑的精度，还确保了浇筑质量的稳定性。

其次，由于自动混凝土浇筑机能够实现对混凝土浇筑过程的实时控制，避免了人工操作中的浇筑不均匀和浪费等问题，从而提高了施工速度。这对于大型水利水电工程中的混凝土结构施工尤为重要。

最后，自动混凝土浇筑机的应用显著降低了施工现场的人工劳动强度。工人不再需要长时间站在混凝土浇筑区域，减轻了劳动压力，提高了工作效率。

3. 自动搅拌设备

（1）概述自动搅拌设备的技术原理

自动搅拌设备配备了先进的搅拌控制系统，该系统能够根据不同的混凝土配方进行智能调控。通过精确控制搅拌时间、搅拌速度等参数，我们实现混凝土配合比的精准控制。

（2）自动搅拌设备的功能

首先，自动搅拌设备通过先进的搅拌控制系统，实现了对搅拌过程的智能化控制。根据具体的混凝土配方和施工需求，自动搅拌设备能够智能地调整搅拌的时间、速度和方式，确保混凝土的均匀性和质量。

其次，自动搅拌设备的智能控制系统能够根据实时的施工条件进行动态调整，最大程度地提高搅拌效率。通过合理的搅拌参数调节，我们确保混凝土在短时间内达到理想的搅拌状态，提高了搅拌的效率。

再次，搅拌控制系统的精准调控使得混凝土的配合比得以准确执行，从而保障了混凝土的均匀性和一致性。这不仅有利于提高混凝土的力学性能，还有助于减少施工过程中可能出现的质量问题，优化了混凝土的整体质量。

最后，自动搅拌设备的应用减少了对人工搅拌的依赖，降低了人为操作失误的风险。自动化的搅拌过程不仅提高了搅拌的精度，还避免了由于人为疏忽或疲劳导致的搅拌不均匀的情况，确保了混凝土质量的可靠性。

二、自动化设备在施工中的效益

（一）提高施工效率

1. 先进技术的运用

（1）实时监测与智能控制

1）先进技术的引入

首先，自动化设备在水利水电施工中广泛采用激光雷达技术，这项技术能够快速而精确地获取施工现场的地形信息。以自动挖掘机为例，其激光雷达系统能够实时扫描地表，创建高精度的地形模型，为后续的挖掘操作提供准确的基础数据。

其次，除了激光雷达，GPS 技术也被广泛整合到自动化设备中。自动挖掘机通过 GPS 系统定位自身位置，实现对施工场地的准确定位和导航。这种整合使得挖掘机能够精准执行挖掘任务，提高了整体挖土的效率。

2）实时监测与智能控制的优势

首先，激光雷达和 GPS 的结合为自动挖掘机提供了实时的地形信息，使其能够更加准确地识别和理解施工场地的地貌特征。这为挖掘机智能化调整挖掘深度和方向提供了可靠的基础，从而提高了操作的准确性。

其次，通过先进的智能控制系统，自动挖掘机能够根据实时监测的地形信息智能调整挖掘参数。这避免了传统手动挖掘中可能出现的误差，提高了整体施工的精度，从而减少了不必要的修正工作。

（2）提高整体施工进度

1）高效操作的关键技术

首先，在自动混凝土浇筑机中，激光测距技术被用于实时监测混凝土流动的高度。激光传感器测量混凝土流动的高度，确保在浇筑过程中实现对混凝土流动的精确控制。这项技术的应用提高了浇筑的效率和准确性。

其次，流量传感器通过检测混凝土的流量和速度，为混凝土浇筑机提供实时的流量数据。这使得混凝土浇筑机能够智能调整混凝土的流动量，确保浇筑的均匀性，从而提高施工速度。

2）效率提升与工程推进

首先，激光测距技术和流量传感器的应用使得自动混凝土浇筑机能够实现对浇筑过程的实时监测和智能控制。这不仅提高了浇筑速度，还确保了浇筑的质量，为整体工程推进提供了强大支持。

其次，自动混凝土浇筑机的高效操作使得大型水利水电工程中的混凝土结构施工过程更为迅速。通过提高施工速度，整体施工进度得到提升，工程推进速度明显加快。

2.精确性与效率的平衡

（1）智能地形识别优化施工路径

1）先进的激光雷达技术

首先，自动挖掘机利用先进的激光雷达技术，能够在施工现场实现高精度的地形识别。激光雷达能够快速扫描地表，获取准确的地形信息，使挖掘机能够精确感知地形特征，为后续的挖掘操作提供可靠的基础。

其次，激光雷达技术不仅提供了地形的准确数据，而且通过智能算法对这些数据进行分析，使自动挖掘机能够智能地规划最优的挖掘路径。这种智能地形识别不仅提高了挖土的准确性，还使得施工路径更为合理，实现了精确性与效率的平衡。

2）精确性与效率的协同优化

首先，智能地形识别的高准确性直接影响到挖土操作的精确性。通过对地形的准确感知，挖掘机能够智能调整挖掘深度和方向，避免了过度挖掘或挖掘不足的情况，提高了整体挖土的精度。

其次，尽管追求精确性至关重要，但在施工中效率同样是一个至关重要的因素。智能地形识别通过规划最优路径，确保挖掘机在合理的路线上进行作业，从而平衡了精确性和效率。这种平衡关系使得自动挖掘机在提高精确性的同时，保持了高效率的施工进度。

（2）混凝土浇筑的精细控制

1）激光测距技术在混凝土浇筑中的精细应用

首先，自动混凝土浇筑机利用激光测距技术实时监测混凝土流动的高度。激光传感器能够准确测量混凝土流动的高度，实现对混凝土浇筑过程的精细控制。

其次，激光测距技术通过实时监测混凝土流动的高度，使得混凝土浇筑机能够智能地调整混凝土流动的量。这种精确控制不仅确保了浇筑质量，还避免了混凝土的浪费，进一步提高了施工效率。

2）精确性与效率的双赢

首先，激光测距技术的应用保证了混凝土浇筑的高精度，确保了浇筑质量。通过实时监测混凝土流动的高度，混凝土浇筑机能够及时调整流量，避免浇筑不均匀和空鼓现象，保证了混凝土结构的质量。

其次，精确的激光测距技术不仅有助于确保浇筑质量，还避免了混凝土的过度浪费。通过智能调控混凝土流动的量，避免了过量浇筑或浇筑不足，提高了施工效率。

（二）降低施工成本

1.人力成本的显著减少

（1）自动化操作减少对人力的需求

1）自动挖掘机的自动化应用

首先，自动挖掘机通过先进的激光雷达和 GPS 技术，实现了在施工现场的自动化操作。相较于传统的手动挖掘，自动挖掘机的应用显著减少了对人力的需求。机器能够根据智能算法自主进行地形识别和挖掘操作，从而降低了雇佣大量操作工人的必要性。

其次，减少了人工操作的自动挖掘机降低了雇佣和培训大量工人的成本。相对于手动挖掘需要投入大量的熟练工人，自动挖掘机的使用降低了对熟练工人的依赖，减轻了施工方的培训负担。

2）混凝土浇筑机的自动化应用

首先，自动混凝土浇筑机的应用同样减少了在混凝土浇筑过程中的人力需求。激光测距和流量传感器等技术的运用使得混凝土的浇筑过程实现了自动化控制，减少了人工干预的必要性。

其次，自动混凝土浇筑机的使用显著降低了雇佣和培训大量混凝土浇筑工人的成本。自动化操作不仅提高了浇筑效率，还减少了对大量熟练混凝土工人的需求，降低了施工方的人力成本。

（2）减轻了施工方的负担

1）自动化设备对施工方管理的影响

首先，施工方在雇佣大量劳动力的同时需要进行复杂的管理工作，包括工人的安全培训、日常监督等。自动化设备的应用减轻了施工方的管理负担，因为这些设备能够在自动化操作的同时进行实时检测，并通过智能算法自主进行决策。

其次，自动化设备的使用避免了因为工人误操作引起的安全风险。机器通过先进的传感器和控制系统可以更加准确地执行任务，避免了一些人为因素引起的事故，减少了施工方面临的安全风险。

2）整体负担的降低

首先，自动化设备的广泛应用导致了施工中人力成本的显著降低，这对整体负担产生了积极影响。减少了雇佣和培训人员的成本，施工方能够更加专注于工程的核心问题，提高整体的工作效率。

其次，自动化设备的应用提高了施工的效率，加速了工程的进展。这不仅减少了施工方面对时间的压力，也为工程的顺利推进提供了更大的灵活性。

2.资源利用的优化

（1）减少了施工过程中的资源浪费

1）自动混凝土浇筑机的精细控制

首先，自动混凝土浇筑机通过激光测距和流量传感器等技术，实现了对混凝土浇筑过程的精细控制。激光测距技术实时监测混凝土流动的高度，而流量传感器则控制混凝土的流量，使得浇筑过程更加精准和高效。

其次，这种精细控制不仅提高了混凝土的利用率，还避免了浇筑不均匀和浪费的问题。自动化设备能够智能调整混凝土的流动量，确保每个部位得到适量的混凝土，最大限度地减少了资源浪费，为施工过程的可持续性提供了保障。

2）深度智能化对资源利用的影响

首先，自动化设备采用深度智能控制系统，对施工过程中的每一个环节进行全方位监测和调控。这种系统能够及时响应施工环境的变化，确保施工过程的高效进行。

其次，深度智能控制系统的应用使得自动化设备能够实时响应施工环境的变化，避免了因为外界因素导致的不必要的资源浪费。例如，在恶劣天气条件下，智能控制系统可以调整施工参数，确保混凝土浇筑的质量和效率，降低了由于天气变化引起的资源浪费。

（2）降低了人为操作引起的失误

1）智能控制系统的优势

首先，自动化设备通过智能控制系统避免了人为操作带来的误差。传统的手动操作容易受到操作人员技术水平和个体差异的影响，而自动化设备的智能化操作大大减少了这些误差。

其次，智能控制系统的准确性和稳定性保障了施工过程中各项任务的精准完成。减少了因为人为操作引起的失误，资源得到更有效利用，施工过程中的效率和质量都得到了提升。

2）人为失误的影响

首先，传统的人为操作容易引起施工过程中的误差，从而导致资源的浪费。例如，混凝土浇筑中如果操作不当会导致混凝土浇筑不均匀，从而浪费了混凝土资源。自动化设备通过智能控制系统避免了这一问题，提高了混凝土的利用率。

其次，通过减少人为误差，自动化设备降低了施工过程中的资源浪费，进而降低了施工成本。这对于水利水电工程的可持续发展至关重要，为未来的工程建设提供了更为经济和环保的选择。

（三）提高施工安全性

1. 替代危险性较高的工作

（1）自动化设备替代危险性较高的工作

首先，自动挖掘机的应用避免了工人进行深度挖掘的危险，从而降低了在深度挖掘过程中可能发生的事故风险。自动挖掘机通过先进的激光雷达和 GPS 技术，能够在施工现场进行智能化地形识别和挖掘，提高了挖土的准确性和效率，同时避免了工人置身于潜在的危险环境中。

其次，危险性较高的深度挖掘和其他类似工作由自动挖掘机替代，不仅提高了工作效率，还减少了人员在危险环境中的暴露时间，为施工现场创造了更加安全的工作环境。

（2）智能传感器与控制系统的安全应用

1）智能传感器的实时监测

首先，自动化设备配备智能传感器，能够实时监测施工现场的状态。在水利水电施工中，智能传感器可以检测各种因素，如地形变化、气象条件等，从而及时发现潜在的安全隐患。

其次，智能传感器通过与控制系统的联动，能够建立安全隐患的预警系统。例如，如果传感器检测到地形不稳定或有其他危险因素，控制系统可以及时发出警报，并采取相应的措施，如自动停机或调整作业模式，从而防范潜在的危险。

2）自动化设备的碰撞避免技术

首先，自动化设备通过先进的碰撞避免技术，如激光雷达和红外线传感器，能够避免与其他设备或障碍物发生碰撞。这项技术在水利水电施工中尤为重要，因为施工现场通常存在各种障碍物，如建筑结构、管道等。

其次，通过避免碰撞，自动化设备提高了施工现场的安全性。这种技术不仅保护了设备本身的完整性，也避免了由于碰撞而可能引发的事故，保障了施工过程中工人的安全。

2. 降低人员伤害风险

（1）自动化设备降低了作业人员的伤害风险

首先，在传统施工中，人工挖掘存在直接接触风险，作业人员在挖掘过程中可能受到挖掘设备的直接影响，增加了受伤的可能性。自动挖掘机的应用通过避免作业人员直接进行挖掘，显著降低了其在挖掘作业中的直接接触风险。

其次，自动挖掘机通过激光雷达和 GPS 技术实现智能地形识别和挖掘，避免了作业人员因挖掘误差导致的意外伤害。这种高度智能化的操作减少了作业人员与机械设备直接互动的机会，有效减少了挖掘过程中的伤害风险。

（2）预防工地事故的发生

1）智能传感器与控制系统的即时监测

自动化设备配备智能传感器，实时监测施工现场的状态。通过即时监测，自动化设备能够及时发现潜在的危险情况，为采取预防措施提供了有效的信息支持。

2）预防措施的实施

首先，智能传感器与控制系统通过建立预警系统，能够及时向作业人员和管理人员发出警报。一旦监测到危险情况，预警系统会自动启动，通知相关人员采取紧急预防措施，从而避免工地事故的发生。

其次，自动化设备通过智能传感器识别危险区域，并通过控制系统实现智能划分。在危险区域，设备可以自动采取减速、停机等措施，确保作业人员的安全。这种智能划分有效减少了人员与设备之间的潜在冲突，降低了伤害风险。

第二节 机器人技术与施工效率提升

一、施工中机器人技术的具体应用

（一）机器人在建筑结构施工中的应用

1. 砖瓦铺设机器人

（1）技术原理与系统结构

首先，砖瓦铺设机器人的核心技术之一是激光测距技术。激光测距技术通过激光发射器发射激光束，然后通过接收器接收反射回来的激光，通过计算时间差来确定光的传播距离。这一技术能够实现毫米级的测距精度，为机器人在铺设过程中提供了高精度的定位数据。通过激光测距技术，机器人能够准确感知地面的高度差异，确保铺设过程中地面的平整度。

其次，三维导航技术在砖瓦铺设机器人中发挥着关键作用。三维导航技术通过搭载各类传感器，如陀螺仪、加速度计等，实时感知机器人在三维空间中的位置和姿态。这些传感器将实时采集的数据传输给导航系统，通过复杂的算法计算出机器人在施工现场的精确位置。通过三维导航技术，机器人能够在施工现场实现高精度的导航，确保每块砖瓦的准确铺设。

再次，砖瓦铺设机器人搭载先进的摄像头和传感器，能够感知周围环境。这些摄像头和传感器能够实时获取施工现场的图像和环境信息。通过图像识别技术，机器人能够识别地面的形状、砖瓦的位置和方向等关键信息。传感器则可以检测到施工现场的温度、湿度等环境参数，从而实现对环境变化的感知。这些数据为机器人的决策提供了依据，使其能够在复杂的施工环境中做出准确的反应，确保施工的安全性和准确性。

最后，机器人的系统结构包括硬件和软件两个方面。硬件方面，机器人配备了激光发射器、接收器、摄像头、传感器等各类感知设备。机器人还搭载了铺设工具，用于将砖瓦精准地放置在指定的位置。软件方面，机器人运行着先进的控制算法和导航系统，通过实时处理感知设备传输的数据，实现对机器人行为的智能控制。这一系统结构使得机器人能够高效、稳定地完成砖瓦铺设任务。

（2）施工速度与准确性提升

首先，机器人在建筑结构施工中通过高效的砖瓦铺设任务迅速完成施工，大幅提高施工速度。传统的砖瓦铺设往往需要依赖人工，而机器人在这方面具备高度的自动化和智能化。其搭载的激光测距技术、三维导航技术的及高效的控制系统，使得机器人能够以更高的速度完成砖瓦铺设任务。提升的施工速度不仅缩短了工程周期，也降低了施工成本，提高了整体工程的效益。

其次，通过智能化控制系统的运用，机器人成功减少了人为操作误差，提升了铺设准确性。机器人搭载先进的传感器和摄像头，能够实时感知周围环境和施工现场的细节。智能化控制系统通过实时分析这些数据，根据地面的高度差异、砖瓦的位置等信息进行智能调整。相较于人工操作，机器人能够在高频率和高精度的情况下执行任务，有效减少了施工中的误差，提高了铺设的准确性。

再次，提升了铺设准确性直接增加了工程整体效益。高准确性的铺设不仅意味着建筑结构的整体稳定性和美观性更高，也减少了后期的修复和改正工作。这为工程的整体效益提供了可观的增长，降低了维护和修复的成本。此外，准确的砖瓦铺设还有助于提高建筑结构的整体质量，使其更具可持续性和长期稳定性。

最后，机器人在建筑结构施工中的提速与提准也为人力资源的优化提供了新思路。传统的砖瓦铺设需要大量的人工参与，而机器人的应用使得人工可以更专注于其他需要高度技术和创造性的工作，如工程监理、设计等。这样的配置提高了整体的工程管理水平，使得人力资源更好地发挥其专业性和创造性优势，推动了建筑领域向智能化转型。

2.焊接机器人

（1）自动焊接技术应用

首先，自动焊接技术在钢结构施工中的应用代替传统人工焊接，为施工提供了高效的解决方案。传统的人工焊接不仅费时费力，而且容易受到环境因素和焊工技能水平的影响，导致焊接质量难以保证。引入焊接机器人后，通过先进的自动焊接技术，我们能够实现高速、高效的焊接作业。机器人的精准性和稳定性确保了焊接质量的可控性，使得整体施工速度得到显著提升。

其次，先进的焊接技术包括焊缝规划、感知控制等方面的创新。机器人通过先进的感知技术，如视觉系统和激光雷达，能够在施工过程中实时感知工作环境、工件形状、焊缝位置等关键信息。同时，先进的焊缝规划算法能够优化焊接路径，确保焊缝的形状和尺寸符合设计要求。这些创新技术的引入使得机器人能够更精准、更高效地完成焊接任务，提高了焊接质量和工作效率。

再次，自动焊接技术在施工中通过实时监控与调整，提高了焊接质量的可控性。机器人搭载传感器实时监测焊接过程中的温度、焊接电流、电压等参数。通过实时反馈这些数据，机器人能够在焊接过程中进行动态调整，防止焊接缺陷的产生。这种实时监控和调整的能力大幅提高了焊接的可控性，确保了焊接质量的稳定性。

最后，自动焊接技术的应用提高了施工的整体效益。机器人的高效率、高稳定性和高质量的焊接作业，使得施工周期缩短，工程成本减少。由于焊接机器人不受工作时间限制，能够实现24小时连续工作，这进一步提高了施工效率。此外，焊接机器人的应用还降低了人工成本，减轻了对高技能焊工的依赖，为施工企业带来了显著的经济效益。

（2）安全性与效率的平衡

首先，焊接机器人在高温、高风险环境中展现出的稳定作业特性，有效降低了人员伤害风险。传统的焊接过程中，操作人员需要在高温、高风险的环境中进行作业，存在着受热、受伤的潜在风险。引入焊接机器人后，其可以在恶劣环境下稳定作业，不受高温和有毒气体的影响，大幅降低了人员在施工现场的伤害风险。机器人的操作稳定性为高温环境下的焊接提供了更为安全的解决方案。

其次，焊接机器人在高温、高风险环境中的高效作业方式显著提高了施工效率。机器人具有连续、不间断的工作能力，可以在高温环境下持续作业，不受疲劳的影响。与传统焊接相比，机器人的高效作业方式能够大幅缩短施工周期，提高了整体的施工效率。这种高效的作业方式不仅有助于工程及时完成，还能降低由于施工周期过长而可能带来的风险和不确定性。

再次，焊接机器人的自动化特性使得其在高温、高风险环境中表现更为卓越。机器人搭载先进的自动化控制系统，能够完成焊接路径规划、参数调整等工作。这种自动化特性使得机器人能够在高温、高风险环境中执行工作，而无需过多的人工干预。这不仅提高了施工的自动化水平，还减少了操作人员在危险环境下的接触，降低了工作风险。

最后，焊接机器人的应用实现了安全性与效率的平衡，为施工提供了更为可持续的解决方案。通过机器人的稳定作业、高效工作方式及自动化特性，我们不仅降低了人员在高温高风险环境下的伤害风险，同时也提高了施工的整体效率。这种平衡为建筑工程提供了更为安全可靠、经济高效的解决方案，有望成为未来施工领域发展的主要趋势。

（二）机器人在水利水电工程中的应用

1.水坝巡检机器人

首先，水坝巡检机器人配备先进的摄像头和传感器，这赋予其全面的自主巡检能力。传统的水坝巡检方式通常依赖人工巡查，存在盲区和主观判断的不确定性。机器人搭载高分辨率摄像头，能够在水坝表面拍摄清晰的图像，并通过先进的传感器系统获取环境数据，包括温度、湿度等参数。这些传感器能够全天候、全方位感知水坝表面的状态，提高了巡检的全面性和准确性。

其次，激光测距和图像识别技术使机器人能够及时发现水坝表面的裂缝和损坏。机器人利用激光测距技术能够实现对水坝表面高精度的测量，准确检测出可能存在的裂缝、凹凸等问题。图像识别技术则通过机器学习算法，识别水坝表面各种缺陷，如裂缝、磨损等，提高了对细小缺陷的识别能力。这使得机器人不仅能够及时发现潜在问题，还可以提供详细的缺陷信息，为后续的维修工作提供有力支持。

再次，机器人巡检过程中实时拍摄的图像和采集的环境数据通过智能分析系统进行处理。智能分析系统能够对这些数据进行实时分析，识别出潜在的安全隐患并生成详细的巡检报告。这些报告不仅包括水坝表面的具体问题，还对问题的严重程度进行评估。这样的智能分析系统为水坝维护人员提供了科学、精准的数据依据，帮助其更有效地制订维修计划和应对紧急情况。

最后，水坝巡检机器人的应用提高了水坝的安全性。通过提前发现潜在问题，水坝维护人员能够采取及时、有针对性的维修措施，降低了水坝发生严重事故的风险。机器人的自主巡检还能够定期监测水坝表面的变化，提供长期的数据支持，有助于预测和预防潜在问题的发生，从而进一步提高水坝的整体安全性。

2. 水下机器人

首先，水下机器人通过防水设计和高压密封技术，在水库、水闸等水域工程中广泛应用。传统水域工程的巡检和维修通常需要人员潜入水中，面临着潜水风险和作业效率低的问题。水下机器人的防水设计使其能够在水下环境中稳定作业，而高压密封技术则确保机器人在水下高压环境下的正常运行，大大减少了人员风险。

其次，水下机器人配备水下摄像头和机械臂，实现对水下结构的巡检和维修。水下摄像头能够实时传输水下图像，为操作人员提供详细的水下结构信息。机械臂的灵活性使得机器人能够完成一系列维修工作，如拆卸、焊接等。机器人的这些功能不仅提高了巡检的全面性，还有效解决了水下维修难的问题，为水域工程的维护提供了强大的技术支持。

再次，水下机器人的应用降低了人工作业的危险性。传统水下工程中，人员需要在潜水条件下进行巡检和维修，存在溺水、水下作业风险。水下机器人的应用将操作人员从危险的环境中解放出来，将危险任务交由机器人完成，有效保障了人员的安全。这不仅有助于防范潜在的意外事件，还提高了工作场所的整体安全水平。

最后，水下机器人的运用提高了水域工程的工作效率，确保了水利水电工程的安全和可靠性。机器人的自主性和智能性使其能够在水下环境中高效、稳定地执行任务。相比传统人工作业，机器人无需休息，能够实现 24 小时连续作业，显著提高了水域工程的施工效率。通过机器人的精准巡检和及时维修，水域工程的安全性和可靠性得以更好地保障。

二、机器人技术对施工效率的影响

（一）机器人 24 小时连续作业的优势

1.消除工作时间限制

首先，机器人在水利水电施工中的广泛应用标志着传统施工模式的深刻变革。与传统施工相比，机器人无需休息，能够实现 24 小时连续作业，从而在工程实践中取得了显著的突破。这一技术进步为水利水电工程的高效实施提供了有力支持。

其次，机器人的连续作业对施工效率的提升具有显著影响。由于机器人的工作不受时间限制，其作业效率远高于传统施工方式。在水利水电工程中，这意味着更迅速、更精确的施工过程，有望缩短整个工程的周期。通过对机器人应用的分析，我们可以看到在一些对工期要求极为严格的工程中，机器人的连续作业明显缩短了施工周期，为工程的快速完成提供了重要保障。

再次，机器人的应用不仅提高了施工效率，还为工程的质量和安全性带来了保障。机器人具有高精度的定位和执行能力，能够完成传统施工难以实现的精细工作。在水利水电工程中，这意味着更加精密的工程实施，更高水平的工程质量。同时，由于机器人的工作不受人为因素的影响，其操作过程更为稳定，降低了施工事故的风险，从而提高了工程的安全性。

最后，机器人在水利水电施工中的时间限制突破不仅为工程实践带来巨大利益，也在学术领域掀起了一波研究热潮。学者们纷纷关注机器人在水利水电工程中的应用，从不同角度进行深入研究。涉及机器人控制系统、传感技术、施工算法等方面的研究正逐渐形成完善的理论体系，为相关领域的发展提供了丰富的理论支持。

2.高效完成重复性任务

首先，机器人在水利水电工程中的应用标志着工业自动化技术在建筑领域的深刻融合。传统水利水电工程中，存在大量重复性、机械性较强的任务，例如混凝土浇筑和搬运等。机器人的介入使这些基础性工作更加高效，为工程提供了更加稳定和可控的施工环境。这不仅提升了整体工程效率，也降低了人工劳动对于重复性任务的需求，减轻了人力负担。

其次，机器人高效完成重复性任务对施工速度的提升起到了关键作用。在水利水电工程中，一些任务需要大量地重复操作，例如大体积混凝土浇筑。机器人以其稳定的动作和高速度的执行能力，能够更快速地完成这类工作，从而大幅度提高整体施工速度。这对于一些工程对工期要求极为严格的情况尤为重要，有效缩短了工程周期，提高了工程的竞争力。

再次，机器人高效完成重复性任务也为人力资源的优化提供了新的思路。通过将机器人应用于重复性机械任务，人力资源可以更加专注于需要高度技术和创造性的工作，如工程监理、技术研究等。这样的配置不仅提高了整体的工程管理水平，也使得人力资源更好地发挥其专业性和智力优势。

最后，机器人在水利水电工程中高效完成重复性任务的应用对工程质量和安全性也带来了积极影响。机器人的工作精准度和稳定性高于人工，减少了施工中的误差，提高了工程的精度和一致性。此外，机器人的应用减少了人工劳动，降低了工人在高风险环境中的暴露时间，从而提高了工程的整体安全水平。

（二）机器人精准执行预定任务

1.智能控制系统的应用

首先，智能控制系统的引入为机器人在施工领域的广泛应用打开了新的局面。传统的施工方式常常依赖于人工操作，受到工人疲劳、情绪波动等因素的制约，容易产生误差。而机器人搭载的智能控制系统赋予了其更高的自主性和智能性，能够精准执行预定任务，为工程实施提供了更为可靠和稳定的技术支持。

其次，智能控制系统的运用显著降低了施工过程中的人为误差，提升了整体工程的施工质量。机器人通过智能控制系统能够在工程中实现高精度的定位和执行，相较于人工操作更加准确。这对于一些对施工精度要求极高的工程尤为重要，例如水利水电工程中水库大坝的建设。通过减少人为因素对工程的影响，智能控制系统有效地提高了工程的质量水平。

再次，智能控制系统的运用使得机器人能够实现更加复杂和多样化的任务。在水利水电工程中，存在着各种各样的任务，涵盖了土方开挖、基础设施搭建、管道敷设等多个方面。通过智能控制系统，机器人能够根据具体任务要求灵活调整工作模式，实现任务的多层次和多环节的自动化执行。这不仅提高了机器人的适用性，也使得施工过程更加高效和灵活。

最后，智能控制系统的应用还为施工过程的监控和优化提供了有效手段。智能控制系统通过实时采集、分析施工数据，能够及时发现问题并进行调整。这对于水利水电工程中的大型工程项目尤为关键，能够确保施工过程的顺利进行。此外，智能控制系统还可以通过学习算法逐渐优化施工流程，提高整体施工效率，实现更为智能化的工程管理。

2. 数据分析与反馈机制

首先，机器人通过搭载先进的传感器和摄像头等设备，实现了对施工过程全方位、实时的数据收集。传统施工方式通常仰赖人工对施工进展进行检测，然而，机器人的数据采集系统不仅提供了更广泛、准确的数据，而且以高频率、高精度地记录施工现场的各个细节。这为工程实践提供了更为全面的信息基础，为数据分析与反馈机制的实施奠定了坚实的技术基础。

其次，通过机器人实时收集的大量数据，我们可以建立智能分析系统，用于监测施工进展并识别潜在问题。这一系统不仅可以实时追踪机器人的位置、动作和执行情况，还能对施工现场的环境参数进行监控。通过数据分析算法，系统能够快速识别潜在的施工问题，例如土质异常、结构偏差等。这为施工管理人员提供了及时、准确的信息，使其能够更灵活地应对施工现场的挑战。

再次，数据分析与反馈机制不仅可以监测问题，还能实现实时调整，及时纠正可能导致误差的因素。当智能分析系统检测到潜在问题时，系统可以通过自主学习的算法提供相应的建议或直接执行调整。例如，在土方开挖中，系统可以根据实时数据调整机器人的挖掘深度，以确保地基的稳固性。这种实时反馈机制使得机器人不仅能够自动执行任务，更能够在施工过程中动态适应变化，从而保障施工的精度和效率。

最后，通过对施工数据的长期积累，我们可以进行更深层次的分析和优化，为未来的施工提供经验积累。机器人搭载的传感器和摄像头不仅记录了施工的实时数据，还为施工过程中的趋势和规律提供了大量信息。通过对这些数据的长期积累和分析，我们可以发现施工中的潜在规律，为未来的工程提供更为精准的规划和预测。这为建筑领域的智能化发展提供了珍贵的实践经验。

（三）机器人在水下、水上环境中的应用

1. 水下机器人的适应性

首先，水下机器人的广泛应用开启了水域工程领域的技术革新。传统水域工程的巡检和维修通常涉及高风险的环境，对人力资源的需求也很高。水下机器人技术的引入使得这些任务变得更为安全、高效。机器人能够执行人类难以达到的水下任务，例如在水库、水闸等工程中进行巡检和维修，从而为水域工程的施工提供了新的可能性。

其次，水下机器人在设计上具备高度密封的结构和先进的防水技术，这确保其在复杂的水下环境中能够可靠运行。这种高度密封的结构能有效防止水压、水温等因素对机器人的影响，保障其在水下长时间、稳定运行。同时，防水技

术的不断升级使得水下机器人能够在深水区域执行任务，扩大了其适用范围，使其更好地适应了水域工程中的多样化环境。

再次，水下机器人的适应性使其能够执行高风险任务，提高了水域工程的安全性。在水域工程中，一些任务可能涉及深水、强流、低温等复杂和危险的环境。水下机器人的应用能够避免人员直接进入这些危险区域，降低了工作人员的风险。机器人能够稳定地在水下执行任务，不受水流等外部因素的干扰，从而保障了水域工程的施工安全性。

最后，水下机器人的适应性提高了水域工程的整体适应性。由于水下机器人能够灵活应对复杂的水下环境，执行多样化的任务，其应用不仅仅局限于巡检和维修，还包括水下资源勘探、水下考古等领域。这种全方位的适应性使得水域工程能够更好地适应多变的工作需求，提高了整个水域工程领域的实践灵活性。

2. 提升施工的灵活性

首先，机器人的无环境限制特性使其能够在复杂的水域环境中执行工程任务。传统的水域工程施工受制于水流、水温、深度等复杂的自然环境，限制了施工的灵活性。而机器人不受这些环境限制，可以在深水区域、强流环境中执行任务，显著提高了水域工程施工的灵活性。这为水域工程的规模和难度提供了更大的操作空间。

其次，机器人的灵活性使得施工能够更好地适应不同的施工场景。机器人具备自主决策和动态调整的能力，能够根据具体施工环境的不同，灵活调整工作模式和路径规划。例如，在水库巡检中，机器人能够根据水域的形状和深度变化灵活调整巡检路径，确保对整个水域进行全面覆盖。这种灵活性使得机器人在不同的施工场景中都能够高效地执行任务，更好地适应复杂多变的水域工程环境。

再次，机器人的智能化系统能够应对不同的工作要求，从而提升施工的适应性。机器人搭载了先进的感知技术和自主决策系统，能够实时获取环境信息，并根据任务需求作出相应的反应。在水域工程中，不同的任务可能包括巡检、维修、勘探等多种工作要求，机器人通过智能决策能够在不同的场景中迅速切换任务模式，提升了施工的适应性。

最后，机器人的无疲劳、持续作业的特点为施工灵活性的提升提供了有力支持。机器人在水域工程中不受疲劳、情绪等因素的影响，能够实现 24 小时连续作业。这种持续作业的能力使得机器人能够在短时间内完成大量工作，应对工期紧张的情况，从而提高了施工的灵活性和应对紧急情况的能力。

第三节 智能传感器与监控系统

一、智能传感器的种类与原理

（一）智能传感器的发展概述

随着物联网技术的不断发展，智能传感器在水利水电工程中得到广泛应用。智能传感器种类繁多，包括温度传感器、湿度传感器、位移传感器等。

1. 温度传感器

温度传感器是一种常见的智能传感器，广泛应用于水利水电工程中的温度检测。其工作原理基于热电效应或电阻温度效应。

（1）热电效应原理

第一，热电效应是基于不同材料在温度变化下产生电势差的原理。其基本原理是热运动引起电子在导体中的运动，导致电荷分布不均匀，从而形成电势差。

第二，常见的热电偶和热电阻传感器利用热电效应原理进行温度测量。热电偶由两种不同金属或合金的导体组成，它们的一端连接在测量温度的地方，另一端连接在参考温度处。由于两种导体在温度变化下产生的电势差是可测量的，通过测量这一电势差，我们可以推算出温度的变化。热电阻传感器则是利用材料电阻随温度变化而变化的特性，通过测量电阻值来推算温度。

第三，热电效应的数学描述可以通过热电势系数和温差之间的关系来表达。热电势系数是描述热电效应强度的参数，通常用字母 α 表示。它定义为在单位温度变化下产生的电势差。热电势系数的正负取决于导体的材料，同时也决定了电势差的方向。

第四，热电偶和热电阻传感器的选材与设计是保证测量准确性和灵敏度的关键。热电偶中不同的金属或合金对具有不同的热电势系数，因此选材需要考虑所测量温度范围和精度的要求。对于热电阻传感器，常见的材料如铂被用于其高精度和线性的温度－电阻关系。

第五，热电效应的应用不仅仅局限于传感领域，还在能源收集等领域展现出广阔的前景。热电效应可用于将热能转换为电能，通过将导热体与冷却体连接，形成温差，从而产生电势差。这一技术在能源回收、热电发电等方面有着潜在的应用，为可再生能源和高效能源利用提供了新的思路。

（2）电阻温度效应原理

第一，电阻温度效应是指材料的电阻随温度的变化而发生的变化。这一效应是由于温度引起了材料内原子和电子的热运动，导致电阻的增加或减少。电阻温度效应是一种普遍存在于各种电阻性材料中的现象，其性质和程度取决于材料的特性。

第二，铂电阻温度传感器是一种常见的应用电阻温度效应原理的传感器。铂电阻在温度变化下表现出线性的电阻－温度关系，因此被广泛应用于精密温度测量。铂电阻温度传感器的工作原理是通过测量铂电阻的电阻值来间接测量环境温度的变化。这类传感器对温度的响应迅速而准确，尤其在高温和高精度要求的环境中具有优势。

第三，电阻温度效应的数学表达可通过温度系数或温度－电阻特性来描述。温度系数是一个衡量电阻随温度变化率的物理量，通常用 ppm/℃（百万分之一／摄氏度）表示。温度－电阻特性则是描述电阻与温度之间关系的曲线或表格，可用于精确计算温度值。

第四，铂电阻温度传感器的设计和校准是保证测量精度的关键。选材是其中一个关键因素，因为不同的铂合金对温度的响应是不同的。此外，传感器的设计要考虑外部环境的影响，例如湿度、压力等因素。校准是确保传感器输出值与实际温度相匹配的关键步骤，通过在已知温度条件下对传感器进行调整，提高了其测量的准确性。

第五，电阻温度效应在科技和工程领域中有着广泛的应用。除了铂电阻温度传感器，其他电阻性材料也被用于温度测量，例如铜、镍等。电阻温度传感器广泛应用于实验室测量、工业自动化、气象观测等领域。此外，该原理也在电子器件和电路中被利用，例如用于温度补偿电路的设计。

2.湿度传感器

湿度传感器在水利水电工程中的应用主要集中在对施工环境湿度的监测上。常见的湿度传感器根据测量原理可分为电容式、电阻式等。

（1）电容式湿度传感器

第一，电容式湿度传感器是一种基于空气湿度对电容值的敏感性的传感器。这种传感器利用材料在不同湿度下吸收或释放水分，导致电容值的变化。通过测量电容值的变化，我们可以准确地获取环境中的湿度信息。电容式湿度传感器因其高灵敏度、快速响应及相对简单的工作原理而在多个领域得到广泛应用。

第二，电容式湿度传感器的基本原理是湿度对介电常数的影响。介电常数是描述材料对电场的响应能力的物理量，而湿度的变化会改变材料的介电常数，从而影响了电容值。一般来说，电容式湿度传感器包含一个感湿层，当湿度改变时，感湿层的介电常数也发生变化，从而导致了电容值的变化。这一变化可以通过电路测量并转换为湿度值。

第三，湿度对电容值的影响可以通过电容式湿度传感器的电容－湿度特性曲线来描述。这种曲线通常呈非线性形状，因为湿度的影响并非线性地作用于介电常数。在特定的湿度范围内，电容值与湿度之间存在着一一对应的关系，通过对这一关系进行校准，我们可以实现更准确的湿度测量。

第四，电容式湿度传感器的设计考虑了多种因素，包括感湿层材料的选择、结构设计和温度补偿等。不同的感湿层材料对湿度的敏感性不同，因此我们在设计中需要根据具体应用场景来选择材料。结构设计的优化可以提高传感器的稳定性和响应速度。温度补偿是为了抵消温度对湿度测量的影响，使传感器在不同温度下能够提供准确的湿度值。

第五，电容式湿度传感器在多个领域中有着广泛的应用。它被广泛应用于气象观测、工业自动化、农业、医疗等领域，以监测和控制环境湿度。此外，由于电容式湿度传感器对湿度变化的敏感性，它也被用于一些特殊应用，如土壤湿度监测、食品储存等。

综合而言，电容式湿度传感器的工作原理基于湿度对电容值的影响，其应用广泛且逐渐成为湿度测量领域中的主流技术之一。通过对传感器的设计和优化，我们可以实现更为精准、可靠的湿度测量，为多个行业提供了实时、准确的湿度信息，从而提高了生产效率和环境监测的水平。

（2）电阻式湿度传感器

第一，电阻式湿度传感器是一种利用湿敏材料电阻随湿度变化的特性进行湿度测量的传感器。这类传感器通过测量湿度对感湿材料电阻值的影响，实现对环境湿度的准确监测。电阻式湿度传感器因其简单、经济、易于制造和使用的特点，在多个领域得到广泛应用。

第二，电阻式湿度传感器的工作原理基于湿敏材料的电阻－湿度特性。典型的湿敏材料包括氧化锌、氧化锡等，这些材料的电阻值会随着湿度的增加而变小。传感器的感湿元件通常由这些材料制成，当湿度变化时，感湿元件的电阻值发生变化，通过测量这一变化可以计算出环境的湿度。

第三，电阻式湿度传感器的灵敏度和响应速度取决于感湿元件的材料和结构。不同的湿敏材料具有不同的电阻 – 湿度特性，因此我们在选择材料时需要根据具体的应用场景来平衡传感器的性能需求。传感器的结构设计也会影响其对湿度变化的响应速度，例如，薄膜式电阻式湿度传感器通常响应速度更快。

第四，电阻式湿度传感器的线性度和稳定性是关键的技术指标。传感器的线性度指的是感湿元件电阻值与湿度之间的线性关系，高线性度表示传感器能够提供准确的湿度测量。稳定性则指的是传感器在长时间使用过程中保持准确测量的能力。这两项指标的提高通常需要通过精密的制造工艺和严格的质量控制来实现。

第五，电阻式湿度传感器的应用领域包括气象观测、工业自动化、生物医学等。在气象观测中，电阻式湿度传感器通常用于测量大气中的湿度，为天气预测和研究提供数据支持。在工业自动化中，这些传感器可用于监测生产环境中的湿度，从而调节生产参数以保持最佳的工作条件。在生物医学领域，电阻式湿度传感器也被用于检测实验室中的湿度，确保实验条件的稳定性。

3.位移传感器

位移传感器广泛用于监测水利水电工程中结构的变形、位移等情况。根据测量原理可分为光电式、电感式、压电式等。

（1）光电式位移传感器

第一，光电式位移传感器是一种基于光电效应的传感器，其工作原理是通过测量光束的变化来判断目标的位移。光电效应是指当光束照射在物体表面时，由于光的作用，产生电子的现象。这一效应被广泛应用于传感技术中，光电式位移传感器借助这一原理实现了对目标位移的高精度测量。

第二，光电式位移传感器通常由光源、光电元件和信号处理电路组成。光源发出光束，光电元件接收光束，通过光电效应产生电信号。随着目标的位移，接收到的光束强度发生变化，从而引起电信号的变化。信号处理电路负责将这一变化转换为位移信息，并输出相应的电信号。光电式位移传感器因其结构简单、精度高、响应速度快的特点，被广泛应用于自动化系统和测量仪器中。

第三，光电式位移传感器的特点包括高精度、快速响应、非接触测量及适用于多种环境。由于采用了非接触测量原理，光电式位移传感器无需直接接触目标，避免了由于接触引起的磨损和损坏，因此在测量过程中不会对目标造成影响。高精度和快速响应使得这类传感器在需要高精度位移测量和快速反馈的应用场景中具有优势。同时，光电式位移传感器在多种环境中都能稳定工作，包括高温、低温、高湿、强光等恶劣条件。

第三，光电式位移传感器在工业领域中有着广泛的应用。在自动化生产线上，光电式位移传感器常用于测量机械臂的位置、物体的位置、轨道的变化等。在机械制造领域，这类传感器用于检测零件的加工位置和机械装置的运动轨迹。此外，光电式位移传感器还广泛应用于医疗设备、航空航天等领域，为精密测量和控制提供可靠的技术支持。

第四，光电式位移传感器的未来发展趋势主要包括提高测量精度、拓展应用领域及融合智能化技术。工业4.0的发展，对于传感器在智能制造中的角色提出了更高的要求，光电式位移传感器有望通过与其他智能设备的联动，实现更为复杂的自动化生产流程。同时，通过采用新型材料、先进的信号处理技术，提高测量精度和适应性，光电式位移传感器能在更多领域发挥其优势。

（2）电感式位移传感器

第一，电感式位移传感器是一种基于电感效应原理的传感器，其核心工作机制是通过测量线圈的感应电感变化来获取目标的位移信息。这类传感器利用变化的磁场感应产生电流，通过测量感应电感的变化实现对位移的高精度测量。电感式位移传感器因其结构简单、稳定可靠，被广泛应用于各种工业领域，特别是在需要在恶劣环境中进行测量的场合。

第二，电感效应是指当磁通量穿过线圈时，产生感应电动势的现象。在电感式位移传感器中，通过引入目标物体导磁材料，线圈的感应电感随着目标位移而变化。当目标物体接近或远离线圈时，导磁材料的影响导致感应电感发生变化，进而产生测量信号。这一信号经过信号处理后，可以得到与目标位移相关的输出。

第三，电感式位移传感器的结构主要包括线圈、导磁材料和信号处理电路。线圈通常由绕组构成，导磁材料通常选择磁导率高的材料，以增强磁场感应效果。信号处理电路则负责将感应电感变化转换为位移信息，并输出相应的电信号。这样的结构设计使得电感式位移传感器具有抗干扰素力强、响应速度快的特点。

第四，电感式位移传感器在恶劣环境中的应用得到了广泛推广。由于其结构简单、不易受到外部环境的影响，电感式位移传感器常用于一些具有高温、高湿、腐蚀等恶劣环境的工业场合。例如，在金属加工、冶金等领域，电感式位移传感器能够稳定地工作，为生产过程提供准确的位移监测。

第五，电感式位移传感器的未来发展方向包括提高精度、扩展测量范围及融合智能化技术。随着工业自动化和智能化的不断发展，电感式位移传感器不仅需要提供更高的精度和更宽的测量范围，还需要具备与其他智能设备对接的能力。因此，传感器制造商和研究机构将致力于不断创新，推动电感式位移传感器在工业领域中的更广泛应用。

（3）压电式位移传感器

第一，压电式位移传感器是一种基于压电效应的传感器，其工作原理是通过压电材料在受力时产生电荷来测量位移。压电效应是指某些材料在受到机械应力时会产生电荷，反之，当施加电场时，这些材料会发生形变。利用这一原理，压电式位移传感器可以将机械位移转化为电信号，实现高精度的位移测量。

第二，压电式位移传感器通常由压电元件、力传感器和信号处理电路组成。压电元件在受到力作用时会产生电荷，这些电荷通过力传感器被捕捉并转化为电信号。信号处理电路将这些电信号放大、滤波并转换为可供分析的位移数据。由于压电材料具有良好的机械特性和电学特性，压电式位移传感器在高精度测量中具有显著优势。

第三，压电式位移传感器的特点包括高灵敏度、宽频响应和良好的线性度。高灵敏度使得这类传感器能够检测微小的位移变化，宽频响应确保其能够在各种频率范围内稳定工作。良好的线性度使得测量结果更加准确、可靠。此外，压电式位移传感器的体积小、重量轻，适用于多种精密测量场合。

第四，压电式位移传感器在航空航天、精密机械和生物医学等领域有着广泛应用。在航空航天领域，这类传感器用于测量飞行器部件的微小位移和振动。在精密机械领域，压电式位移传感器被用于高精度加工设备中的位移监测和控制。在生物医学领域，这类传感器用于检测生物组织的微小形变和运动，为生物力学研究和医疗设备提供支持。

（二）智能传感器的原理

1.温度传感器

温度传感器通过感知物体的温度变化，将其转化为电信号输出。其基本原理是根据热电效应或电阻温度效应实现温度的测量。

（1）热电效应原理

首先，热电偶是一种基于热电效应的温度传感器，利用两种不同金属导体在不同温度下产生的热电势差来测量温度。具体而言，当两个不同金属导体的接触点处于不同温度时，会形成一个闭合电路，从而产生热电势差。这产生的电势差与温度的关系遵循热电偶的特定温度电动势曲线，通过测量这一电势差，我们可以准确地确定温度变化。

其次，另一种利用热电效应的温度传感器是热电阻，其中铂电阻温度传感器是一种常见的类型。热电阻的工作原理基于电阻值随温度变化而改变的特性。在铂电阻中，铂的电阻值随温度升高而逐渐增加，这种线性关系被广泛应用于温度测量。通过测量电阻值的变化，我们可以精确地确定环境温度的变化。

（2）电阻温度效应原理

首先，电阻温度传感器利用电阻温度效应原理，其中铂电阻温度传感器是一种常用的类型。铂电阻温度传感器的基本原理是铂材料的电阻值随温度的升高而线性增加。将铂电阻置于测量环境中，测量其电阻值的变化，我们就能够准确获取环境温度的信息。这种传感器因其高精度和稳定性而在科学、工业等领域得到广泛应用。

其次，电阻温度传感器的工作原理使得它在多个领域有着广泛的应用。在实验室环境中，电阻温度传感器可用于检测反应温度，确保实验条件的控制。在工业自动化中，这些传感器可以用于监测生产设备的温度，以防止过热或过冷造成的损坏。此外，电阻温度传感器还广泛应用于气象站、医疗设备等领域，为各种系统提供温度监测和控制支持。

2.湿度传感器

湿度传感器基于电容或电阻等原理，测量空气中的湿度，用于检测施工现场的湿度情况。

（1）电容式湿度传感器

测量空气湿度对电容值的影响，通过电容变化来获取湿度信息。

（2）电阻式湿度传感器

通过湿度引起的感应电阻变化来获取湿度值。

3.位移传感器

位移传感器通过测量物体的位移或形变，将其转化为电信号输出。根据不同的原理，可以分为光电式、电感式和压电式等。

（1）光电式位移传感器

利用光电效应，通过测量光束的变化来判断目标的位移。

（2）电感式位移传感器

基于电感效应，通过测量线圈的感应电感变化来获取目标的位移信息。

（3）压电式位移传感器

压电式位移传感器工作原理通过压电材料在受力时产生电荷来测量位移。压电效应是指某些材料在受到机械应力时会产生电荷，反之，当施加电场时，这些材料会发生形变。利用这一原理,压电式位移传感器可以将机械位移转化为电信号,实现高精度的位移测量。

二、监控系统在施工过程中的应用

(一)监控系统的设计与应用概述

监控系统在水利水电工程中扮演着至关重要的角色,通过整合智能传感器的数据,实现对施工现场的实时监测和远程控制。典型的监控系统通常包括数据采集模块、数据传输模块、数据处理模块等,以确保对工程的全面监控和管理。

1.数据采集模块

第一,数据采集模块是智能施工系统中的关键组成部分,其主要任务是从各类智能传感器中获取多种参数数据,如温度、湿度、位移、压力等。这一模块的设计旨在实现对施工现场环境和结构状态的实时监测,为决策者提供全面的信息基础,从而优化施工流程,提高安全性和效率。

第二,数据采集模块所涉及的智能传感器包括多种类型,每一种都有特定的测量目标。温度传感器用于监测施工现场的温度变化,湿度传感器用于测量空气湿度,位移传感器则用于检测结构的变形和移动,压力传感器负责监控施工过程中的压力变化。这些传感器被布置在施工现场的关键位置,以确保对目标区域的全面监测。

第三,数据采集模块的工作原理基于传感器采集的模拟信号,通过模数转换器将其转换为数字信号,然后通过通信接口传输至中央监控系统。这一过程需要高精度和高可靠性,以确保采集到的数据准确反映施工现场的实际状况。模块的设计要考虑信号传输的稳定性、抗干扰素力以及数据处理的实时性。

第四,数据采集模块的布置和部署至关重要。在施工现场,传感器的位置选择需要考虑到环境因素、施工结构的特点及检测的具体需求。合理布置可以最大程度地覆盖施工区域,提高检测的全面性和准确性。此外,对传感器的定期校准和维护也是确保数据准确性的重要环节。

第五,数据采集模块通过实时采集的数据为中央监控系统提供了全面的施工环境和结构信息。这些数据不仅可以用于监测施工过程中的各种参数变化,还为决策者提供了基于实际情况的数据支持。通过中央监控系统的数据分析和处理,我们可以及时发现潜在问题、进行预测性维护,并为施工流程的优化提供有力的依据。

第六,数据采集模块在智能施工中的应用对提高工程质量、保障施工安全和提升效率具有重要意义。通过全面检测施工现场的环境和结构状态，决策者能够做出更为明智的决策，及时应对可能的风险和问题，从而推动工程的快速、高效完成。此外，采集到的历史数据也为今后的施工提供了宝贵的经验和参考。

2. 数据传输模块

第一，数据传输模块在智能施工系统中扮演着关键的角色，其主要任务是将从数据采集模块获取的各类参数数据传送到监控中心。这一模块的设计旨在实现数据的及时传输，使监控系统能够实时获取施工现场的状态信息，为决策者提供远程管理和实时监测的基础。

第二，数据传输模块采用多种传输方式，其中包括有线和无线传输。有线传输通常通过电缆或光纤等有线网络进行，具有稳定可靠的优势。而无线传输则包括无线局域网、蜂窝网络等，适用于那些无法使用有线传输的场景。这些传输方式的选择取决于施工现场的特点、检测需求及实际应用环境。

第三，数据传输模块通过互联网或专用通信网络实现数据的远程传输。互联网的广泛应用使得施工现场的数据能够快速、高效地传送至监控中心，实现了远程实时监测的可能性。专用通信网络则可以提供更为稳定和安全的数据传输环境，确保数据的可靠性和保密性。

第四，数据传输模块的工作原理涉及数据编码、压缩和加密等多个环节。为了降低传输过程中的带宽占用和传输延迟，数据通常需要进行编码和压缩处理。同时，为保障数据的安全性，在传输过程中，我们对数据进行加密，防范信息泄露和非法获取。

第五，数据传输模块需要考虑网络的稳定性和抗干扰素力。在施工现场，可能存在电磁干扰、天气等因素，这对数据传输的稳定性提出了更高的要求。因此，模块的设计需要具备一定的抗干扰素力，确保数据传输的可靠性。

第六，通过数据传输模块的工作，监控中心能够实时获取施工现场的状态信息，包括温度、湿度、结构位移等多个方面的数据。这使得决策者能够在第一时间了解到施工现场的实际情况，及时作出决策，优化施工流程，提高工程的安全性和效率。

3. 数据处理模块

第一，数据处理模块作为监控系统的核心部分，承担着对传感器采集到的数据进行分析和处理的任务。这一模块的设计旨在通过实时监测、异常检测和趋势分析等功能，为监控系统提供对施工状况的准确评估，从而支持决策者作出科学合理的决策。

第二，数据处理模块所涉及的功能包括实时监测、异常检测和趋势分析。实时监测能够及时反映施工现场各种参数的变化情况，确保决策者能够第一时间了解到实际施工状态。异常监测则通过对采集到的数据进行比对，识别出与正常情况不符的数据，提前发现潜在问题。趋势分析则通过历史数据的比较，揭示施工过程中的潜在趋势，为决策者提供更为全面的信息支持。

第三，数据处理模块的设计依赖于先进的算法和模型。这些算法和模型可以基于机器学习、深度学习等技术，通过对大量数据的学习和分析，提高系统对施工过程的理解和预测能力。例如，通过建立模型，系统能够学习到不同参数之间的关联性，实现对异常情况的自动识别。

第四，数据处理模块需要考虑数据的实时性、准确性和可靠性。在施工现场，数据处理模块需要及时响应实时采集到的数据，确保监控系统对施工状态的实时了解。同时，模块需要具备高准确性，以保证评估结果的可信度。可靠性则涉及数据异常的处理和系统故障的容错能力，以确保监控系统的稳定性。

第五，数据处理模块的应用不仅限于对实时数据的处理，还包括对历史数据的分析。通过对历史数据的挖掘，决策者能够更好地了解施工过程中的规律和变化趋势，为今后的施工决策提供更为科学的依据。这也为系统的升级和改进提供了宝贵的经验。

第六，通过数据处理模块的工作，监控系统能够对施工现场的状态进行准确评估，提供给决策者科学合理的建议。这对于优化施工流程、提高施工效率、预防潜在问题具有重要意义。通过算法和模型的支持，数据处理模块将在未来不断演进，为智能施工系统提供更为高效和智能的决策支持。

（二）监控系统在不同阶段的应用

1.施工前期

第一，施工前期是工程项目的关键阶段，而智能监控系统通过智能传感器对地质情况、气象条件等进行监测，为施工前的方案制定提供了全面的数据支持。这一阶段的工作对于项目的顺利进行和风险的有效控制至关重要。

第二，监控系统通过智能传感器对地质情况进行实时监测，包括地质结构、地层构成等。地质情况的监测有助于提前识别潜在的地质风险，例如地滑、地裂等。在水坝工程中，通过对地质结构的深入了解，系统能够预测可能出现的地质问题，为施工方案的优化提供科学依据。

第三，智能传感器还能监测气象条件，包括温度、湿度、风速等。在水坝工程等涉及水利水电的工程中，气象条件的变化可能对施工产生重要影响。例如，在极端气候条件下，我们可能需要采取额外的安全措施。监测气象条件有助于及时预警可能的气象风险，为施工前期的方案调整提供数据支持。

第四，智能监控系统通过数据分析和处理，将传感器采集到的地质和气象数据整合为综合性的报告。这些报告不仅包括实时数据，还可通过历史数据的比较，揭示可能的趋势和规律。这为工程团队提供了更为全面的信息基础，有助于在施工前期作出明智的决策。

第五，基于监测系统提供的数据，施工方可以优化施工方案，采取更为科学的措施，降低潜在风险。在水坝工程中，可能包括调整地质勘探方案、采取防护措施等。通过提前了解可能遇到的问题，施工方能够更好地规划工程流程，确保工程的顺利进行。

第六，在施工前期，智能监控系统的应用不仅仅是数据的采集和监测，其更是一个综合性的预警和决策支持系统。这为工程项目的可持续发展提供了有力的保障，保证了施工前期的科学决策和安全施工。

2.施工中期

第一，施工中期是工程项目进行的关键时期，智能监控系统在此阶段通过实时监测施工现场的温度、湿度、结构变形等参数，为施工的安全性和质量提供了重要的支持。这一阶段的监测系统不仅是对施工过程的实时把控，更是对潜在问题的早期预警。

第二，监控系统通过实时监测温度、湿度等参数，迅速响应施工现场的实际状况。温度和湿度的变化可能对施工过程产生重要影响，特别是在一些对环境条件要求较高的工程项目中。通过智能传感器的数据采集，系统能够即时了解环境条件的变化，为决策者提供实时的施工环境信息。

第三，监控系统对结构变形进行实时监测。在施工中期，结构的变形可能是一个重要的关注点，因为它直接关系到工程的安全性。通过传感器对结构变形的监测，系统能够实时获取结构的状态，及时发现潜在问题，为施工方提供预警信息。

第四，监控系统通过数据分析和处理，将实时采集到的数据转化为可读的报告。这些报告包括对温湿度变化的趋势分析、结构变形的检测结果等。通过对这些报告的综合分析，决策者能够更全面地了解施工现场的状况，为未来施工提供更科学的决策依据。

第五，监控系统在监测到潜在问题时，能够通过预设的规则和算法进行实时预警。例如，在监测到结构位移异常时，系统可以立即发出警报，引导施工人员及时采取措施，防止潜在问题进一步扩大。这种实时的问题预警机制有助于提高施工的安全性和效率。

第六，在施工中期，监控系统的作用不仅在于问题的监测和预警，更是为施工方提供实时的决策支持。通过及时获取施工现场的数据，决策者能够迅速做出合理调整，优化施工计划，确保工程的顺利进行。

3.施工后期

第一，施工后期是工程项目进入运营阶段的关键时期，智能监控系统在此时通过建立长期监测体系，对工程结构的变化进行定期跟踪，为工程的维护和管理提供可持续的支持。在这个阶段，系统的作用不仅仅是对工程的监测，更是对工程运行状态的评估和持续优化。

第二，监控系统在施工后期通过长期监测体系对工程结构进行定期跟踪。这包括对结构变形、材料劣化、设备磨损等方面的监测。通过智能传感器的数据采集，系统能够实时获取结构的变化情况，建立起对工程状态的全面监测。

第三，监控系统通过对历史数据的分析，评估工程的持续性和稳定性。通过比对不同时间段的数据，系统能够揭示结构的演变趋势，评估材料的使用寿命，预测设备的维护周期。这种长期的数据分析为工程的长时间安全运行提供了科学依据。

第四，监控系统在施工后期的数据分析中需要考虑不同因素对工程的影响。这可能包括自然环境的变化、工程负荷的增减、设备运行状况等多方面的因素。通过对这些因素的分析，系统能够更准确地评估工程结构的状况，为后续的维护工作提供更为科学的建议。

第五，基于长期监测的数据，监控系统为工程提供定期的评估报告。这些报告不仅包括对结构状况的详细说明，还可能包括对潜在问题的预测和建议。决策者可以根据这些报告，制订合理的维护计划，确保工程在长时间内的持续运行。

第六，在施工后期，监控系统的作用不仅在于工程结构的检测，更是对工程进行持续优化的关键。通过数据的长期积累和分析，系统能够为工程提供更为智能的管理和维护方案，确保工程设施的安全性和可靠性。

监控系统的应用在水利水电工程中发挥了重要作用，其通过科学的数据分析和实时监测，提高了工程管理的效率和可靠性。这种系统的设计和应用为工程建设提供了先进的技术手段，也为工程的可持续性发展奠定了基础。

第七章　水利水电工程新材料与结构技术

第一节　先进建筑材料与工程设计

一、新型建筑材料的特点

随着科技的不断进步，水利水电工程中的建筑材料也在不断创新。新型建筑材料具有许多独特的特点，包括：

（一）新型建筑材料的特点

新型建筑材料在水利水电工程中的应用注重轻量化和高强度的特点。具体而言：

1.轻量化设计

第一，轻量化设计作为一种重要的工程材料与结构设计理念，通过采用较轻的材料，有效减轻了结构的自重。这一设计理念不仅在工程建设中起到了积极的作用，同时也在提高工程整体性能和可持续性方面展现了显著的优势。

第二，轻量化设计所采用的材料通常具有较轻的密度。这包括但不限于高强度合金、聚合物复合材料、泡沫材料等。采用这些轻量化材料的结构相比传统结构更加轻便，为工程项目提供了更大的灵活性。

第三，轻量化设计在减小地基要求方面发挥了显著的作用。由于结构自重的减轻，其对地基的负荷也相应降低。这意味着我们可以采用更为经济、简化的地基设计，从而节省了工程成本和施工周期。

第四，采用轻量化设计有助于提高工程的整体承载能力。通过降低结构自重，系统能够更有效地分配和承受荷载，提高了结构的稳定性和安全性。这对于一些对承载能力有严格要求的工程项目，如桥梁、大跨度建筑等，具有重要的意义。

第五，轻量化设计对于可持续性发展也有积极的影响。采用轻量化材料不仅减少了资源的消耗，降低了环境的影响，还减少了运输和施工过程中的能耗，符合当今社会对于可持续建筑和绿色工程的追求。

第六，在工程实践中，轻量化设计需要综合考虑结构的强度、稳定性、耐久性等多方面因素。这包括通过先进的结构分析和模拟工具，优化材料的使用、结构的形状等方面。轻量化设计并非简单地降低结构重量，更是要确保结构在满足强度和安全性的前提下实现最佳的轻量化效果。

2.高强度

第一，高强度新型建筑材料的广泛采用为水利水电工程提供了更为可靠的结构支撑。这类新型材料不仅具有更高的强度，同时还拥有出色的抗拉、抗压性能，为工程结构提供了更为卓越的稳定性和安全性。

第二，新型建筑材料的强度通常明显高于传统材料。这包括但不限于高强度混凝土、高强度合金、纤维增强复合材料等。通过使用这些材料，水利水电工程得以实现更为轻盈、坚固的结构，以更好地承受外部水压、风力等力的作用。

第三，新型建筑材料的强度特性使其在水利水电工程的特殊环境中表现出色。水利水电工程通常需要承受来自水流、水压的力量，以及在风力、地震等自然灾害中的挑战。高强度材料能够有效抵御这些外部力，确保工程结构的稳定性。

第四，高强度新型建筑材料对于提高工程的整体性能至关重要。在水利水电工程中，工程结构的可靠性直接关系到工程的安全性和稳定性。通过采用高强度材料，工程不仅能够更好地承受外部力的作用，还能够延长结构的使用寿命，减少维护成本。

第五，高强度建筑材料的应用为水利水电工程提供了更大的设计自由度。这使得工程设计师能够更灵活地选择结构形式，优化工程方案，提高工程的整体效益。高强度材料的轻量化特性也有助于减小工程负荷，提高结构的灵活性。

第六，在水利水电工程中，采用高强度新型建筑材料需要综合考虑材料的成本、可持续性、生命周期等因素。这需要工程设计者在选择材料时综合考虑不同的技术、经济和环境因素，以确保工程在满足强度要求的同时实现最佳的经济和环保效益。

（二）新型建筑材料在工程设计中的应用

新型建筑材料在工程设计中的应用是水利水电工程发展的重要方面。以下是一些具体应用场景：

1.桥梁设计

第一，新型建筑材料在桥梁设计领域的应用为工程提供了更为创新的解决方案。这些材料不仅具有高强度、轻量化等特性，还能够在提高抗震性能、减小荷载等方面发挥独特的作用，为桥梁设计注入了新的活力。

第二，轻量化设计是新型建筑材料在桥梁设计中的一项关键应用。通过采用轻量化材料，桥梁结构的自重得以显著减小，从而降低了对基础的要求，提高了工程的整体承载能力。轻量化设计还使得桥梁在承受荷载的同时能够更为灵活，有助于应对变化多端的实际工况。

第三，抗震性能的提高是新型建筑材料在桥梁设计中的又一显著优势。这些材料具备较好的弹性模量和抗震性能，能够更好地吸收和分散地震引起的能量，从而提高桥梁在地震等极端环境下的稳定性和安全性。这对于地震频繁地区的桥梁设计尤为重要。

第四，采用高强度材料增加了桥梁结构的稳定性。高强度材料不仅能够提供更大的抗弯、抗压能力，还能够减小结构的变形和挠度，确保桥梁在使用寿命内保持良好的结构性能。这对于大跨度桥梁等需要更高稳定性的工程项目尤为关键。

第五，新型建筑材料的应用为桥梁设计提供了更多的设计自由度。设计者可以更灵活地选择结构形式，优化桥梁的几何形状，以更好地适应复杂的地理和环境条件。这有助于实现更为美观、经济、实用的桥梁设计。

第六，在桥梁设计过程中，我们应综合考虑新型建筑材料的经济性、可持续性和环境友好性。这不仅包括材料的成本，还需要考虑材料的生命周期成本、可回收性等因素。通过综合考虑这些因素，设计者能够更全面地评估新型建筑材料在桥梁设计中的适用性和优越性。

2. 水坝建设

第一，新型建筑材料在水坝建设中的应用标志着水坝工程领域的技术革新。通过采用轻量、高强度的新型建筑材料，我们不仅能够降低水坝的自身重量，还能够提升整体结构的抗压能力，为水坝工程注入了新的设计理念。

第二，轻量化设计是新型建筑材料在水坝建设中的核心应用之一。通过采用轻质高强度材料，水坝的自重得以显著减小，从而降低了对地基的压力，提高了工程的整体稳定性。轻量化设计同时还有助于减小施工过程中对邻近环境的影响，符合绿色环保的建设理念。

第三，新型建筑材料的高强度特性为水坝结构的抗压能力提供了显著的增益。这种高强度使得水坝能够更好地抵御外部水压，提高了整体结构的安全性。在水坝建设中，高强度材料的使用还可以降低水坝的截面尺寸，从而节约材料，降低建设成本。

第四，水坝建设中新型建筑材料的耐久性是一个重要考量因素。这些材料通常具有优异的抗腐蚀和耐候性能，能够在恶劣的水域环境中长期稳定使用。因此，采用这些新型建筑材料可以延长水坝的使用寿命，减少维护成本，提高水坝的整体经济效益。

第五，新型建筑材料的应用为水坝设计提供了更大的灵活性。设计者可以更加自由地选择材料、优化结构形式，以适应不同的水坝工程需求。这有助于实现更为经济、安全、高效的水坝建设，推动水坝工程的可持续发展。

第六，在水坝建设中，综合考虑新型建筑材料的成本效益和可持续性。这包括材料的采购成本、施工成本，以及材料的环境友好性和可回收性等方面。通过综合考虑这些因素，设计者能够在水坝工程中实现最佳的技术和经济效益。

3.管道系统

第一，新型建筑材料在水利水电工程管道系统中的引入标志着管道技术的现代化和可持续性发展。通过采用轻质、高强度、耐腐蚀的新型建筑材料，管道系统得以更好地适应复杂的水域环境，为管道工程注入了新的科技元素。

第二，轻质设计是新型建筑材料在管道系统中的关键应用。采用轻质材料可以降低管道的自身重量，减轻对支架和地基的压力，从而提高整体系统的稳定性。轻质设计还有助于减少管道的运输、安装等环节对资源的消耗，符合绿色环保的可持续发展理念。

第三，新型建筑材料的高强度为管道系统提供了更强大的结构支持。这种高强度不仅能够增加管道的抗压性能，还可以降低管道的变形和挠度，提高系统的整体安全性。在水域工程中，高强度材料的使用也可以减小管道截面尺寸，实现更为经济高效的设计。

第四，新型建筑材料的耐腐蚀性能是在水域环境中至关重要的一环。这些材料通常具有出色的抗腐蚀性能，能够长期稳定地运行在湿润、多污染物的水域环境中，大幅延长了管道的使用寿命。这对于减少维护成本、提高系统可靠性具有显著意义。

第五，新型建筑材料的应用使得管道系统的设计更加灵活多样。设计者可以根据具体工程需求选择不同种类的材料，灵活设计管道的结构、走向和连接方式，以更好地适应不同的水域工程场景。这有助于提高工程的适应性和可操作性。

第六，在管道系统的建设中，综合考虑新型建筑材料的成本效益和可持续性。这包括材料的采购成本、运输成本，以及材料的环境影响等因素。通过综合考虑这些方面，设计者能够在管道工程中实现最佳的技术和经济效益。

（三）新型建筑材料在水利水电工程中的创新

新型建筑材料的应用对水利水电工程带来了创新性的变革：

1. 结构设计创新

第一，新型建筑材料的应用为结构设计带来了革命性的变革。通过轻量化和高强度的特性，设计者能够更加灵活地运用这些材料，实现更为创新和高效的结构设计。这一创新的应用不仅改变了建筑工程的传统格局，还提升了整体工程性能。

第二，轻量化设计成为新型建筑材料在结构设计中的核心应用之一。采用轻量材料可以显著减小结构自身的重量，降低对地基和支撑结构的要求，从而实现更为经济高效的设计。轻量化设计还有助于提高结构的抗震性能，减小荷载，降低对环境的影响。

第三，新型建筑材料的高强度为结构设计提供了更大的自由度。高强度的材料使得结构元件可以更细化，截面更小，从而提高了结构的整体抗拉、抗压能力。这种高强度还允许设计者实现更大跨度、更高层次的建筑，创造更为独特和先进的建筑形式。

第四，新型建筑材料的创新应用促使了结构设计理念的变革。设计者不再受限于传统的建筑材料和结构形式，而是能够更加灵活地选择、创造各种结构形式。这种变革推动了建筑工程从传统向现代化、智能化的转变，为未来建筑科技的发展奠定了基础。

第五，新型建筑材料的应用提高了结构设计的可持续性。轻量化和高强度材料不仅能够减小建筑的碳足迹，还有助于提高建筑的能源效益。这符合当代社会对于可持续发展的追求，使结构设计更好地适应了环境变化。

第六，在结构设计中，充分考虑新型建筑材料的成本效益和可持续性至关重要。这包括材料的采购成本、施工成本，以及材料的环境友好性和可回收性等方面。通过综合考虑这些方面，设计者能够在结构设计中实现最佳的技术和经济效益。

2. 工程成本降低

第一，新型建筑材料的广泛应用为工程带来了显著的成本效益。通过采用轻量、高强度的材料，工程的自重得以显著减小，从而大幅降低了建筑和维护的成本。这一创新型的材料选择不仅为项目的经济性提供了保障，还为可持续建设奠定了基础。

第二，轻量设计是新型建筑材料在降低工程成本方面的关键应用。通过采用轻量材料，我们不仅可以减小建筑自身的负荷，还能减轻对地基和基础结构的要求。这意味着更经济的地基设计和施工，大大降低了建筑的初期投资成本。

第三，新型建筑材料的高强度为工程提供了更为经济的设计方案。高强度的材料使得结构元件可以更为细化，截面更小，而仍能保持充分的承载能力。这不仅减少了材料用量，也提高了施工效率，从而降低了建筑的施工成本。

第四，新型建筑材料的成本效益不仅表现在建筑阶段，还在维护阶段得到体现。耐久性强、抗腐蚀性好的材料，降低了维护频率和维修成本。长期来看，这为业主带来了更为稳定和可控的运营成本，提高了工程的整体经济效益。

第五，新型建筑材料的选择为工程提供了更长期的投资回报。尽管初期投资可能相对较高，但由于新型建筑材料的耐久性和可持续性，项目在未来的运营和维护中将更为经济。这种长远的投资回报使得新型建筑材料在工程领域的应用更具吸引力。

第六，在选择新型建筑材料时，充分考虑其整体生命周期成本至关重要。这包括材料的采购成本、运输成本，以及工程建设和维护过程中的各类费用。通过综合考虑这些方面，设计者能够在新型建筑材料的应用中实现最佳的成本效益。

3.可持续性发展

第一，新型建筑材料的环保属性为水利水电工程的可持续发展提供了坚实的基础。这些材料通常具有更低的碳足迹、更高的可回收性，因此对环境的影响较小。这一环保特性与当前社会对可持续发展的强烈追求相契合，为水利水电工程注入了更多的生态友好元素。

第二，新型建筑材料的可持续性使水利水电工程更具长远发展前景。采用可再生资源、绿色环保的材料，有助于降低对非可再生资源的依赖，从而提高了水利水电工程的整体可持续性。这种可持续性的考量使得工程更能适应未来社会和自然环境的变化。

第三，新型建筑材料的使用有助于水利水电工程的节能减排。这些材料通常具备优异的绝热性能，可以减少能源的消耗，提高工程的能源效益。通过减少温室气体排放和资源浪费，水利水电工程更符合低碳、可持续发展的理念。

第四，新型建筑材料的生命周期考量为水利水电工程提供了更全面的环保评估。在材料的采购、制造、使用和废弃等各个环节，我们都能够通过新型建筑材料的可持续性来降低环境负担。这一综合性的环保评估为工程提供了科学的依据，使得项目的环保效益得以最大化。

第五，新型建筑材料的应用促使了水利水电工程建设理念的变革。设计者在选择材料时更加注重环保和可持续性，这反过来影响了整个工程建设的理念和模式。这种变革将环保视为工程建设的核心要素，推动了工程建设从传统向可持续性的转变。

第六，在推动水利水电工程可持续发展的过程中，新型建筑材料的研发和应用需要更多的政策支持和行业共识。政府和行业应该通过政策引导和技术创新来推动更多环保、可持续的新型建筑材料的研发和应用，以实现水利水电工程更加环保、可持续的目标。

二、新型建筑材料在工程设计中的应用

新型建筑材料在水利水电工程设计中发挥着重要作用，具体体现在以下几个方面：

（一）结构设计优化

新型建筑材料的应用为水利水电工程的结构设计提供了更多的选择，从而实现了结构设计的优化：

1. 高强度应用

高强度的新型建筑材料可以被应用于工程的关键部位，如桥梁的主体结构或水坝的支撑结构，提高整体工程的抗压性和稳定性。

2. 灵活性设计

结构设计师可以更加灵活地选择新型建筑材料，满足不同工程需求，实现更创新的设计方案。

（二）抗震设计

1. 抗震性能的重要性

（1）地震对水利水电工程的威胁

水利水电工程常常分布在地震多发地区，地震是一种严重的自然灾害，对工程结构造成巨大威胁。合理的抗震设计是确保工程安全性的重要保障。

（2）新型建筑材料的抗震特性

1）轻质高强材料

新型建筑材料如碳纤维、玻璃纤维等常具有轻质高强的特性，为结构整体的抗震性能提供了良好的基础。

2）柔性连接技术

利用柔性连接技术，如基础隔震、柔性支座等，我们可以有效减缓地震波传播到建筑结构的速度，降低结构振动幅度。

2.抗震设计策略

（1）全面考虑地震参数

1）地震动参数分析

对工程所在地区的地震动参数进行详细分析，包括地震波加速度、速度、位移等，为后续设计提供准确数据支持。

2）结构动力特性分析

通过建筑结构的动力特性分析，我们了解结构在地震作用下的响应，为抗震设计提供基础。

（2）优化结构设计

1）合理刚度设计

在结构设计中合理分配各部分的刚度，避免刚度分布不均匀导致的集中破坏。

2）柔性设计理念

采用柔性设计理念，通过适当的变形吸能设计，使结构在地震中具备更好的延性，减轻震后修复成本。

（3）新型建筑材料的应用

1）抗震性能突出的材料

选择具备出色抗震性能的新型建筑材料，如高性能混凝土、碳纤维等，用于关键构件，提高整体结构的抗震性能。

2）结构加固与改造

对既有结构进行加固与改造，引入新型建筑材料以提升整体抗震性能。

（三）环境适应性

新型建筑材料的耐腐蚀性和环保特性使得工程更适应水利水电项目的湿润、多雨的环境，延长了结构寿命。

1.耐腐蚀材料选用

新型建筑材料的耐腐蚀性能是其在湿润环境中应用的重要考量。采用具有良好耐腐蚀性的材料，如不锈钢、玻璃纤维增强材料等，可以延长工程结构的使用寿命。

2. 环保特性

新型建筑材料通常具有更好的环保特性，采用这些材料有助于减少对环境的影响，符合可持续发展的原则。在湿润多雨的水电工程环境中，具有环保特性的新型建筑材料更能适应工程的长期需求。

第二节 抗震与安全性改进

一、抗震技术的发展历程

水利水电工程中的抗震技术一直是人们关注的焦点。抗震技术的发展历程经历了以下几个阶段：

（一）经验积累阶段

1. 抗震设计的经验依据

水利水电工程的抗震技术最初阶段主要依赖于工程师的经验和历史地震的统计数据。在这一时期，对结构进行简单的加强和设计，主要是基于过去的工程经验和地震灾害的教训。

2. 抗震设计的局限性

由于当时对地震作用机理的认识较为有限，抗震设计更多地表现为一种试错过程，结构的加固以增加材料的使用量和提高结构刚度为主，缺乏科学的理论指导。

（二）试验研究阶段

1. 大规模试验的推动作用

随着地震工程的逐渐成熟，大规模的试验研究逐渐成为抗震技术发展的关键。通过对不同结构在地震中的响应进行系统试验，工程师们更深入地了解了结构在地震作用下的变形和破坏规律。

2. 抗震设计准则的初步形成

试验研究为抗震设计准则的制定提供了实验基础。在这一阶段，逐渐形成了一些基本的抗震设计原则，例如设定合理的地震作用标准和规范结构的抗震能力等。

（三）数值模拟阶段

1.计算机技术的进步

随着计算机技术的飞速发展，数值模拟成为抗震设计的重要手段。工程师们能够借助计算机模拟地震过程中结构的响应，从而更精确地评估结构的稳定性和安全性。

2.数值模拟在抗震设计中的应用

数值模拟技术的引入使得工程师们能够更深入地研究结构在地震中的复杂变形过程，通过模拟不同地震参数对结构的影响，为抗震设计提供了更为科学和精确的数据支持。

（四）新型建筑材料应用阶段

1.新型建筑材料的涌现

新型建筑材料的不断涌现为抗震设计提供了更多的选择。高性能混凝土、钢材、纤维增强材料等新型建筑材料的应用，使得结构在地震中表现出更好的抗震性能。

2.结构性能的进一步提升

新型建筑材料的应用推动了抗震技术的发展，使结构在地震中的性能得到进一步提升。通过结合新型建筑材料的优势，工程师们能够设计出更为灵活、更具抗震性能的水利水电工程结构。

二、安全性改进的关键措施

提升水利水电工程安全性的关键措施包括：

（一）先进监测系统的建设

1.先进检测技术的应用

在水利水电工程中，建设先进的结构健康监测系统是提升安全性的关键一环。采用先进的传感器技术、遥感技术等，实时监测结构的变化，包括但不限于振动、位移、应力等参数，以获取全面准确的结构健康状态信息。

2.实时监测与智能分析

通过实时监测系统，我们可以对结构的健康状况进行持续评估。利用智能分析技术，对监测数据进行实时处理和诊断，及时发现结构异常变化，并预测可能的潜在问题，从而采取相应的安全措施。

（二）定期维护与检修

1.定期维护计划的制订

为确保水利水电工程的长期安全运行，建立定期维护计划是至关重要的。制订详细的维护计划，包括对各个关键部件的定期检查、清理、修复和更换，以确保工程始终处于良好的运行状态。

2.过程的优化与创新

通过引入先进的检修技术和工艺，对水利水电工程进行全面检修。采用先进的材料和修复方法，对老化和损伤的部件进行有效修复，提高工程的整体可靠性和安全性。

（三）科学的工程规划与设计

1.综合考虑地质和气象因素

在工程规划和设计阶段，我们需要充分考虑水利水电工程所处的地质条件和气象环境。综合分析地质构造、地震概率、气象特征等因素，制订科学合理的工程规划，以降低自然灾害对工程安全性的影响。

2.创新的工程方案

在规划和设计中，引入创新的工程方案，包括但不限于结构设计、基础设施设计等方面。采用新材料、新技术，提高工程的抗震性和安全性，确保在各种自然条件下都能稳定运行。

第三节　新型建筑材料在水利水电工程中的应用

一、新型建筑建筑材料在水利水电工程中的具体应用案例

在水利水电工程中，新型建筑材料的应用案例丰富多样：

（一）混凝土改性剂的应用

1.混凝土改性剂介绍

（1）定义与分类

混凝土改性剂是一类通过引入特殊添加剂，改变混凝土性能的材料。这些添加剂涵盖了微纳米材料和化学添加剂两大类，其作用主要在于提升混凝土的力学性能、耐久性和抗渗透性。

（2）微纳米材料的应用

微纳米材料，如纳米硅酸钠、纳米氧化铝等，能够通过提高混凝土的致密性和抗渗透性，增强混凝土的抗压强度和耐久性。

（3）化学添加剂的种类

化学添加剂包括聚合物改性剂、膨胀剂、缓凝剂等。这些添加剂通过改变混凝土的化学性质，实现对混凝土性能的调控。

2.水坝建设中的应用案例

（1）硅酸盐胶凝材料的使用

在水坝建设中，采用硅酸盐胶凝材料作为混凝土改性剂，可以有效提高混凝土的耐久性。这种改性剂能够填充混凝土内部微观孔隙，减缓水分和溶质的渗透，降低水坝混凝土表面的开裂和龟裂风险。

（2）氧化钙的耐久性效应

引入氧化钙作为混凝土改性剂，除了提高混凝土的强度外，还可通过促进水泥水化反应，形成更为致密的混凝土结构，改善混凝土的耐久性。在水坝建设中，这种应用案例在提高水坝整体性能方面具有显著效果。

3.水闸工程中的实际案例

（1）聚合物改性材料的运用

水闸工程常面临水流和水压的严峻环境，为应对这些挑战，我们引入聚合物改性材料作为混凝土改性剂。这些材料不仅能够提高混凝土的抗水性，还能够增强混凝土的抗压性，确保水闸的可靠性和长寿命运行。

（2）超高性能混凝土的效果

超高性能混凝土作为一种新型混凝土改性剂，其在水闸工程中的应用取得显著成效。通过提高混凝土的强度和韧性，超高性能混凝土有效应对了水闸工程中的复杂水文环境，确保了水闸的安全运行。

（二）玻璃纤维增强塑料在管道工程中的使用

1.玻璃纤维增强塑料简介

（1）定义与特点

玻璃纤维增强塑料是一种由玻璃纤维与塑料树脂复合而成的材料，其具有轻质、高强度、耐腐蚀等独特特点。这种复合材料在水利工程中的管道应用展现了广泛的优势。

（2）制造工艺

玻璃纤维增强塑料的制造过程包括树脂浸渍、拉伸、硬化等步骤。通过合理的制造工艺，我们可以调控玻璃纤维的分布和塑料树脂的固化程度，以获得符合工程需求的材料性能。

2.水利工程管道系统中的应用案例

（1）耐腐蚀性的优越性

在水利工程的管道系统中，采用玻璃纤维增强塑料制造管道，取代传统的金属管道，主要基于其卓越的耐腐蚀性。该材料能够有效抵抗水质中的化学物质腐蚀，特别是在含有腐蚀性物质的水源中，其表现更为突出。

（2）降低维护成本的经济性

相比金属管道，玻璃纤维增强塑料管道不容易生锈、腐蚀，减少了管道的维护频率和维修成本。这一特性使得在水利工程中采用这种材料的管道更具经济性，尤其是在长期运行和维护的考量下。

（3）延长管道使用寿命

由于其高强度和耐腐蚀性，玻璃纤维增强塑料管道在水利工程中的应用能够显著延长管道的使用寿命。这对于长期水利工程的可持续运行和投资回报具有重要意义。

（三）新型地基加固材料

1.地基加固材料的特性

（1）定义与分类

新型地基加固材料是一类通过引入高强度、高稳定性材料，对软土地基进行加固的新型技术，主要包括聚合物材料、纤维材料等。这些材料在水利水电工程中的软基处理中发挥着关键作用。

（2）特性与优势

1）高强度

这些材料具备较高的强度，能够有效抵抗软土地基的沉陷和变形。

2）高稳定性

新型地基加固材料的引入提高了软土地基的整体稳定性，减少了地基沉陷风险。

3）耐久性

材料具有良好的耐久性，能够长期维持加固效果。

4）环保性

部分材料具备环保特性，符合可持续发展的要求。

2.软基处理中的实际案例

（1）地基搅拌桩的应用

1）技术原理

地基搅拌桩通过在土体中注入水泥乳浆，同时旋挖搅拌桩体，形成混凝土-土浆柱，实现对土体的加固。

2）案例效果

在某水利水电工程软基处理中，引入地基搅拌桩技术，成功提高了软土地基的承载力和抗沉陷能力。经过实际运行验证，该技术取得了显著效果，为工程的稳定运行提供了可靠基础。

（2）橡胶软土加固材料的应用

1）材料特性

橡胶软土加固材料具有较好的弹性和变形能力，能够适应软土地基的变形特性。

2）案例效果

在某水电站的软基处理中，采用橡胶软土加固材料，有效提高了土体的稳定性和承载能力。该材料具有较好的适应性，能够在软土地基的长期作用下保持稳定。

二、新型建筑材料对工程性能的提升

新型建筑材料在水利水电工程中的广泛应用，对工程性能的提升产生了显著影响：

（一）提高工程的耐久性

1.新型建筑材料的抗腐蚀性

（1）新型建筑材料概述

新型建筑材料是一类在建筑领域应用的创新型材料，相较于传统材料具有更高的性能和功能。

（2）抗腐蚀性的关键特性

新型建筑材料通常具备卓越的抗腐蚀性，这一特性使其在水利水电工程中得到广泛应用。其中，以玻璃纤维增强塑料为例，其抗腐蚀性能显著，能够在恶劣环境中长期保持稳定。

（3）玻璃纤维增强塑料在水利水电工程中的应用

1）材料特性

玻璃纤维增强塑料具有轻质、高强度和优异的抗腐蚀性，是一种理想的替代传统金属材料的建筑材料。

2）应用案例

在水利水电工程中，如水坝建设，采用玻璃纤维增强塑料制造水坝结构，显著提高了工程的耐腐蚀性，使其能够长时间抵御水中腐蚀物质的侵蚀。

2.耐久性的提升降低了维护成本

（1）耐久性提升的效果

新型建筑材料的抗腐蚀性和耐久性提升，直接保证了工程更长的使用寿命，极大减少了由于腐蚀和老化引起的结构性问题。

（2）降低维护成本的机制

耐久性的提升降低了维护频率和维护成本。例如，混凝土改性剂在水坝建设中的应用，增强了混凝土的抗渗透性和耐久性，减少了维护频率，从而降低了维护成本。

（二）优化结构设计

1.轻量化和高强度的新型建筑材料

（1）新型建筑材料的轻量化特性

新型建筑材料的轻量化是其独特的优势之一。例如，采用高强度混凝土改性剂，其轻量化特性使得结构更为轻盈，降低了整体负荷，提高了工程的承载效能。

（2）高强度对结构的影响

新型建筑材料的高强度赋予了结构更强的抵抗力和稳定性。在水利水电工程中，这种高强度的材料（如玻璃纤维增强塑料）可以被用于制造轻量而强度卓越的结构组件，从而在提高工程抗压能力的同时，减轻了结构自身的负担。

（3）混凝土改性剂在结构设计中的应用

1）轻量化效果

混凝土改性剂的引入实现了结构轻量化，减轻了结构的自重，为工程整体性能的优化创造了条件。

2）高强度对结构的优势

混凝土改性剂提高了混凝土的抗拉强度和抗压强度，使得结构更具抵抗外部力的能力，优化了整体结构的安全性。

2.结构设计的灵活性

（1）新型建筑材料带来的灵活性

新型建筑材料的应用为结构设计提供了更大的灵活性，设计师可以更好地根据实际需求进行定制化设计。例如，聚合物改性材料的使用可以使结构更具弯曲和形变的能力，这使得工程在不同条件下都能够表现出卓越的性能。

（2）灵活性的优势

设计的灵活性意味着结构能够更好地适应复杂的工程环境，包括地质条件、气象因素等。这种灵活性提高了工程整体性能，增加了其适用性和可持续性。

（三）增强工程抗震能力

1.采用抗震性能良好的新型建筑材料

（1）新型建筑材料在抗震设计中的重要性

采用抗震性能良好的新型建筑材料是水利水电工程提升抗震能力的有效途径。这些新型建筑材料具有更高的韧性、抗拉强度和抗压强度，能够更好地承受地震引起的外部力。

（2）高性能混凝土的应用案例

1）高性能混凝土介绍

高性能混凝土是一种通过调整混凝土配合比和使用高品质材料而制成的混凝土，具有卓越的抗震性能。

2）案例分析

在水利水电工程中，引入高性能混凝土，如采用硅酸盐胶凝材料，可以显著提高混凝土的抗震性能。该材料在地震作用下表现出更好的韧性，有效减缓结构损伤的发展速度。

（3）抗震钢材的应用案例

1）抗震钢材介绍

抗震钢材是一种特殊设计用于提高结构抗震性能的钢材，其弹性模量高、延展性好，适用于抗震设计。

2）案例分析

在水电站等工程中，采用抗震钢材作为结构支撑和连接元件，增强了工程整体的抗震能力。这些材料在地震时能够更好地吸收和分散地震能量，降低结构受损风险。

2.提高工程整体安全性

（1）抗震性能提升对整体安全性的贡献

采用抗震性能良好的新材料，提高工程的抗震能力，直接影响到工程的整体安全性。这不仅包括结构的安全性，还涉及工程在地震发生后的抗震性能恢复和修复。

（2）降低地震风险

通过新型建筑材料的应用，工程的整体安全性得到提升，从而降低了地震对工程的潜在破坏性影响。这对于位于地震频发地区的水利水电工程尤为重要，有效地保障了工程的长期稳定运行。

（四）提升施工效率

1.易施工和高效率的特性

（1）预制装配式混凝土的应用案例

1）预制装配式混凝土介绍

预制装配式混凝土是一种在工厂预制成构件，然后在现场组装的建筑方法，具有易施工、高效率的特点。

2）案例分析

在水利水电工程中，采用预制装配式混凝土构件，例如桥墩、水闸墙体等，大幅度缩短了施工周期。这种方法降低了现场浇筑的依赖性，减少了施工现场的不确定性，从而提高了施工效率。

（2）新型支护材料的施工效率提升

1）新型支护材料简介

新型支护材料如高强度聚合物材料、灌浆材料等，以其易施工的特性，广泛应用于地基支护、坡面防护等工程中。

2）案例分析

在水利水电工程的坝基加固中，采用高强度聚合物材料进行坝体支护，不仅加强了坝基的稳定性，而且由于施工简便，极大提高了整体施工效率。

2.适应现代工程管理需求

（1）现代工程管理对施工效率的要求

现代工程管理追求高效、精细、科学的施工过程。新型建筑材料的应用需满足工程管理对于施工效率提升的需求。

（2）新型建筑材料在现代工程管理中的角色

新型建筑材料的易施工和高效率特性使其更符合现代工程管理的要求。这不仅体现在施工过程中的时间和成本节约，还有助于提高工程管理的精益化水平。

第八章 水利水电工程风险管理与安全技术

第一节 工程施工中的风险因素

一、天气和气候条件

水利水电工程施工容易受到气象条件的制约，例如极端天气、气温波动等，这可能导致施工进度延误、安全隐患增加。

（一）极端天气

水利水电工程施工容易受到气象条件的制约，尤其是极端天气，包括暴雨、大风和台风等。这些天气现象可能导致以下问题：

1.水土流失风险

第一，施工现场水土流失的风险受气象条件和地质环境的影响。暴雨引发的强降雨可能在工地上产生大量的雨水径流，加速水土流失的过程。特别是在地势较陡峭的区域，水土流失的风险更加显著。理解这一风险的成因是有效制定应对策略的基础。

第二，水土流失对工地的地质环境造成的损害不容忽视。持续的水土流失可能导致地表土壤减少，进而影响工地的平稳性和承载能力。这对于水利水电工程等对地质环境要求极高的项目来说，可能带来更为严重的后果。因此，对水土流失风险的及时评估至关重要。

第三，管理层需要采取有效的防护措施来减缓雨水对工地的冲刷。搭建防护网、设置固定沟槽等是常见而有效的方法。防护网可以拦截雨水中的颗粒物，减缓水流的冲刷力；而设置固定沟槽则有助于引导雨水流向指定区域，减少对土壤的冲刷。这些措施需要在工程规划的早期考虑，并在整个施工阶段得到严格执行。

第四，科学监测和预测气象条件是有效应对水土流失风险的关键。部署气象站点，实时监测降雨情况，对即将来临的暴雨做出及时预警，有助于提前做好防护准备。先进的气象预测技术和模型的应用，可以提高对暴雨的精准预测，从而更有效地采取相应的应对措施。

第五，在施工管理中，培训工地人员的水土流失防护知识和技能至关重要。工地人员应具备对气象条件的敏感性，能够根据实际情况及时调整防护措施。定期组织培训和演练，提高工地人员的紧急应对能力，这有助于在发生暴雨等突发情况时快速、有效地应对水土流失风险。

2. 大风和台风隐患

第一，大风和台风可能导致山体不稳定，从而增加了施工现场发生塌方的风险。这一风险源于风力对山体的冲击，尤其是在气象条件不稳定的情况下，可能引发地质灾害。了解这一隐患的产生机制是有效应对的基础。

第二，及时进行地质勘探是减缓大风和台风引发的地质灾害的重要手段。通过深入了解施工现场的地质结构和地层特征，我们可以更准确地评估山体的稳定性。这种精准的地质勘探为制定合理的风险防范策略提供了科学依据。

第三，设置防护措施是降低施工现场风险的必要步骤。支护结构、加固措施等是常见的防护手段。通过在关键位置设置防护结构，如挡土墙、围护结构等，我们可以有效减缓大风和台风对施工现场的影响。此外，对山体进行加固，通过加固植被、植树等方式，我们也能有效提高山体的稳定性。

第四，科学的风险评估模型和监测系统的建立是预防大风和台风风险的关键。通过建立可靠的数学模型，对大风和台风可能对施工现场造成的影响进行定量分析，有助于更好地理解和评估潜在的风险。监测系统则能够实时监测气象条件和地质变化，提前发现异常，为采取紧急措施提供及时的信息支持。

第五，对施工现场人员进行风险防范培训是确保安全施工的重要一环。工地人员需要了解大风和台风可能带来的风险，以及在面对突发情况时应该采取的紧急措施。培训还应涵盖使用防护装备和设施的正确方法，以确保在恶劣天气条件下的安全施工。

（二）气温波动

气温的快速波动对水利水电工程的施工工艺和质量可能带来挑战，我们需要重点关注以下方面：

1. 混凝土凝固时间的影响

首先，气温波动对混凝土凝固时间的影响主要体现在混凝土的硬化过程。在较高气温下，混凝土的水化反应速度加快，导致凝固时间缩短；而在较低气温下，水化反应速度减缓，凝固时间延长。这种不稳定性可能会对施工进度和工程质量造成重要影响。

其次，施工管理人员应当根据气温的实际情况调整混凝土搅拌比例。在高温环境中，适当降低混凝土的水灰比可以控制水化反应速度，延缓凝固时间。相反，在低温环境中，适度增加水灰比则有助于提高混凝土的流动性，促进水化反应，缩短凝固时间。

再次，调整施工时间是应对气温波动的重要手段之一。在高温季节，选择在早晚温度较低的时段进行混凝土浇筑，可以有效减缓水化反应速度，延长凝固时间。而在低温季节，尽量避免在寒冷时段进行混凝土浇筑，以确保混凝土能够在适宜的温度下正常凝固。

最后，混凝土凝固时间的不稳定性也需要通过科学监测和数据记录来进行有效管理。施工现场应安装温度传感器，实时监测混凝土的温度变化，并将数据记录下来。通过对这些数据的分析，施工管理人员可以更准确地了解混凝土的凝固状态，及时调整施工方案，确保混凝土的凝固达到设计要求。

2.爆破操作的挑战

首先，气温的变化对爆破操作可能带来的主要挑战之一是药包的爆炸性能的不稳定。在高温环境下，爆破药包的爆炸速度可能增加，爆破压力增大，从而对周围环境和结构产生更大的影响。而在低温环境下，爆破药包的爆炸性能可能降低，影响爆破效果。施工人员需要在爆破方案中考虑这一因素，调整药包的选择和用量，以确保其在不同气温条件下的安全爆破。

其次，气温波动还可能影响爆破振动的传播。在高温环境中，大气稀薄可能导致爆破振动的传播距离增大，对周边建筑物和结构产生更远距离的影响。相反，在低温环境中，大气的密度增加可能使得爆破振动传播的距离减小。因此，施工人员需要根据实际气温情况调整爆破振动的传播范围，以减小对周围环境的影响。

再次，根据气温的具体情况调整爆破方案是确保施工安全和稳定进行的必要措施。在高温环境中，我们可以考虑减少药包的用量，采用更稳定的爆破药物，或者通过增加爆破孔的密度来分散爆炸能量。在低温环境中，我们可以选择更强劲的药包，适当增加药包的用量，或者采取增加爆破孔深度的方式来提高爆破效果。通过科学合理地调整爆破方案，我们可以更好地适应气温的变化，确保爆破操作的稳定性和安全性。

最后，施工人员需要具备丰富的经验和专业知识，以应对气温变化可能带来的各种挑战。气象条件的变化对爆破操作有复杂的影响，需要施工人员具备对不同气温条件下爆破特性的深刻理解，并能够灵活应对，及时调整爆破方案，以确保施工的安全和效果。

二、地质和地形条件

地质条件的不确定性是水利水电工程面临的主要风险之一，例如地基稳定性、土质情况等，都会对施工形成潜在威胁。

（一）地基稳定性

地质条件的不确定性是水利水电工程施工中的主要风险因素之一，尤其是地基的稳定性。以下是一些具体的考虑：

1.地质勘探的必要性

首先，地质勘探的必要性体现在对地下结构信息的准确获取。详细的地质勘探可以通过各种手段，如钻孔、地层观测等，获取地下的岩土层分布、土质性质、水文地质条件等关键信息。这些信息对于工程设计和施工的合理规划至关重要，有助于对地下结构进行科学准确的认知。

其次，地质勘探有助于识别潜在的地基问题。通过地质勘探，我们可以及时发现地下存在的各种地质问题，如软弱地层、岩溶区域、地下水位较高等。这些问题可能对工程的地基稳定性产生负面影响，通过提前识别，施工方可以制定相应的对策，避免后期施工过程中因地基问题引发的安全隐患和工程延误。

再次，地质勘探为采取预防和强化措施提供了科学依据。根据地质勘探的结果，施工方可以有针对性地采取一系列预防和强化措施，如土体加固、基础处理等，以确保工程地基的稳定性。这些措施的制定和实施需要充分考虑地下结构的实际情况，地质勘探为此提供了重要的依据。

最后，地质勘探的结果是工程设计的重要基础。工程设计需要充分考虑地下结构的特点，以确保设计的科学合理性。地质勘探提供的数据直接影响到工程设计的质量，从而影响整个工程的施工和运行。

2.地基处理措施

对于可能存在地基不稳定的区域，我们需要采取相应的地基处理措施，如灌浆加固、搅拌桩等。这些措施有助于提高地基的承载能力和稳定性，确保工程的安全施工。

（二）土质情况

土质情况的差异可能对基础的承载力产生影响，从而影响整体结构的安全性。以下是关于土质情况的一些具体考虑：

1.合理的土力学设计

首先，对于可能存在地基不稳定的区域，采取灌浆加固是一种常见有效的地基处理措施。灌浆加固是通过注入特定的浆液材料，如水泥浆、膨润土浆等，填充土层中的空隙，提高土体的密实度和承载能力。这可以有效减缓土壤沉降，增强地基的稳定性，为工程提供更可靠的地基基础。

其次，搅拌桩也是一种常用的地基处理手段。搅拌桩通过旋挖或振动等方式将土体进行混合，与水泥、石灰等掺合物质混合，形成一种坚实的土–浆混合体，提高了土体的抗压、抗剪强度。这种处理方式可以改良土壤的工程性质，增强地基的承载能力，适用于需要较高地基稳定性的工程。

再次，对于低承载能力的地基，使用加筋地基技术是一种常见选择。加筋地基通过在土体中设置地基增强材料，如地基搁置梁、地基增强网等，增加土体的抗拉强度，改善地基的整体性能。这种方式能够有效抵抗地基沉降，提高地基的承载能力，适用于需要加强土体的工程。

最后，合理的基础设计和地基改良也是地基处理的重要方面。工程设计阶段我们应充分考虑地基的特性，选择合适的地基处理方法。地基改良可以通过减小设计荷载、合理选择基础形式等手段，降低地基的不稳定性，确保地基在承受荷载的同时保持相对稳定。

2.施工调整

首先，对未知土质情况的检测是施工调整的基础。在施工初期，我们通过地质勘探等手段获取的土质信息有限，实际施工过程中土体的性质可能存在变化。因此，实施实时监测是必不可少的。采用各类地质传感器，如土压力传感器、位移传感器等，对地下土体进行连续监测，及时获取变化信息，为施工调整提供科学依据。

其次，针对土质情况的变化，施工方案需要灵活调整。当监测数据显示地下土体的承载能力发生变化时，施工管理团队应迅速响应，采取相应的施工调整措施。这可能包括调整基础形式、改变承载方式、增加地基处理措施等，以确保工程在变化的土质环境中仍然能够保持良好的稳定性。

再次，施工调整需要结合实际情况进行科学分析。通过对监测数据的深入分析，施工管理团队可以更好地理解土质变化的原因和趋势。这有助于制订更科学、精准的施工调整方案，避免盲目性调整导致不必要的工程成本增加。

最后，施工调整过程需要充分考虑工程的整体性和长期性。施工调整不仅仅是应对当前地质变化的临时手段，更需要考虑工程的长远稳定性。因此，调整方案应该是综合考虑当前情况和未来工程运行环境的结果，以确保工程的可持续性发展。

三、人为因素

施工中的人为因素包括工人的操作失误、管理不善、沟通不畅等，这些因素可能引发事故，对工程造成损害。

（一）工人的操作失误

在水利水电工程中，工人的操作失误可能对工程造成严重的影响，因此我们需要采取一系列的措施来降低这一风险。

1.培训与教育

首先，培训与教育的全面性是确保工程人员综合素质的基础。在水利水电工程中，工人需要具备丰富的技能和深厚的专业知识，因此培训内容应涵盖多个方面。培训计划可以包括但不限于工程设计原理、施工流程、材料科学、安全管理等，以确保工人具备全面的专业知识。

其次，工程安全规程是培训的重要组成部分。安全意识和规范操作是水利水电工程中至关重要的因素。培训应强调工程现场的安全要求，包括但不限于使用个人防护设备、防火措施、高空作业安全设备等。通过深入的安全规程培训，工人能够在施工中时刻保持高度的安全意识，减少事故的发生。

再次，操作流程培训是提高工人操作技能的有效途径。针对具体的工程操作，培训应重点围绕操作流程展开。通过模拟实际施工场景，工人能熟悉和掌握各种设备的正确使用方法，提高其实际操作水平。这有助于提高施工效率，减少误操作引发的问题。

最后，应急处理培训是确保工人正确应对各种突发情况的重要环节。在施工过程中，可能面临各种突发情况，如设备故障、意外事故等。培训应包括紧急疏散、急救措施、应急通信等方面的内容，使工人具备应对突发情况的能力，确保人员安全。

2.监督与检查

首先，建立有效的监督机制是水利水电工程质量和安全的保障。监督机制应包括多个层面，从管理层面到技术层面，确保全方位的监督。在实际操作中，我们可以通过设立专门的监督组织、建立监控设备、定期检查工地等方式进行全面监督。

其次，监督的方式应包括现场监管和远程监控两方面。现场监管由专业的管理人员负责，通过巡视、检查等方式，实时掌握施工现场的情况。远程监控则利用现代技术手段，如摄像头、传感器等，对施工现场进行远程监测，及时获取数据并进行分析。两者相结合，能够形成全面的监督体系。

再次，监督的重点应放在工人的操作上。工人是施工过程中的关键执行者，其操作水平直接关系到工程的质量和安全。监督应注重对工人的操作流程、使用设备的规范性等方面进行检查，通过及时发现并纠正潜在的操作失误，提高工程质量和安全水平。

最后，定期检查是监督机制中的重要环节。定期性的检查不仅能够发现问题，还可以评估监督机制的有效性。检查的内容可以包括设备的维护情况、操作规程的执行情况、工程质量的达标情况等。通过这些检查，我们能够及时发现问题并采取纠正措施。

（二）管理不善

工程管理的不善可能导致进度延误、资源浪费等问题，因此科学、有效的管理措施是确保水利水电工程顺利进行的关键。

1.项目计划与调度

首先，项目计划的制订是水利水电工程成功实施的基石。在项目计划中，我们需要详细规划工程的各个阶段、关键节点及每个阶段所需的资源和时间。这有助于确保工程的整体有序进行，有效防范进度延误的风险。

其次，科学调度资源是项目计划执行的保障。通过科学合理地分配人力、物力、财力等资源，我们可以最大限度地提高工程效率。资源的调度需要考虑到工程各个阶段的需求，并根据实际情况灵活调整，以保障工程进度和质量。

再次，项目计划需要注重风险防范，特别是进度延误的风险。在制订计划时，我们要充分考虑可能出现的不确定性因素，如天气变化、设备故障等，并提前设计相应的备用方案。这样一来，当计划面临挑战时，我们可以及时应对，避免因单一方案失效而导致的进度延误。

最后，灵活应对变化和不确定性是项目计划执行的关键。在水利水电工程中，由于自然环境、工程条件等因素，计划可能面临变化。因此，项目管理团队应保持灵活性，及时调整计划，确保适应新的情况，保障工程按计划推进。

2.资源管理

首先，资源管理在水利水电工程中的重要性不可忽视。合理配置各类资源是确保工程高效运转的关键。在人力资源方面，我们需要根据工程的不同阶段和特点，确定所需技能和数量，确保施工队伍的合理组织和协调。物资资源的合理管理涉及原材料、施工工具、劳动保护用具等的采购和储备，以及在工程中的有效利用，以降低成本和提高效益。设备资源的管理包括设备的选用、维护和调度，以确保设备在工程中的稳定运行，提高施工效率。

其次，充分利用资源是提高工程效益的关键。在资源管理中，我们需要注重资源的充分利用，防止资源的浪费。通过科学合理地规划和调度资源，确保资源在工程各个阶段的最大化利用，提高工程效益。例如，在施工过程中，合理安排工人的工作时间，确保他们能够充分发挥专业技能，提高施工效率。对于物资和设备资源，及时储备和维护，防止由于缺乏关键物资或设备故障导致施工停滞。

再次，资源管理需要与工程规划和进度控制相结合。在项目计划中，我们需要明确各类资源在不同阶段的需求，以便在实际执行中有针对性地配置和管理。进度控制方面，我们要根据工程进展情况及时调整资源的配置，确保资源与工程进度的匹配。这有助于防范资源浪费和短缺，提高整体的工程运作效率。

最后，资源管理需要注重可持续性发展和环境保护。在选择和利用资源时，我们要考虑其可持续性，避免对环境造成过度压力。例如，在选用建筑材料时，我们可以优先选择环保、可再生的材料，降低资源消耗对环境的负面影响。这符合当前社会对可持续性发展的追求，对工程的长期利益具有积极作用。

（三）沟通不畅

多方参与的大型水利水电工程需要强调沟通和协同管理，以降低沟通不畅带来的风险。

1.沟通机制的建立

首先，沟通机制在水利水电工程中的建立是工程管理不可或缺的一环。水利水电工程通常涉及多方面的参与者，包括政府部门、设计单位、施工队伍、监理单位等，因此，建立明确的沟通渠道和机制对于确保各方面信息的及时、准确传递至关重要。

其次，定期会议是一种有效的沟通手段。在工程的不同阶段，我们可以召开定期会议，汇集各方代表，共同讨论工程进展、存在的问题及解决方案。会议提供了一个面对面交流的平台，有助于深入了解各方的需求和关切，促进问题的及时解决。此外，定期会议也有助于形成项目团队的凝聚力，提高合作效率。

再次，信息平台的建设对于加强各方之间的信息传递尤为重要。我们可以借助现代信息技术建立一个在线的项目管理平台，用于发布工程文件、记录工程进展、提出问题和建议等。通过信息平台，我们可以实现实时的信息更新，避免信息滞后和失实，提高信息的透明度和可追溯性。

最后，沟通机制需要考虑多层次、多方向的需求。不同参与方在工程中扮演不同的角色，他们的信息需求和关注点各异。建立灵活多样的沟通机制，根据不同层级和角色的需要，有针对性地进行信息传递。例如，对工程监理而言，他们可能更关心施工现场的实际情况和安全状况，而设计单位则更注重工程的设计方案和技术要求。

2.团队建设

首先，团队建设是水利水电工程管理中不可或缺的一环。一个高效的工程团队不仅仅是一群个体的堆砌，更是通过合作与沟通实现协同效能的集体。团队建设的成功不仅有助于提高整体工程管理水平，还直接影响到工程的安全性和质量。

其次，协作与沟通能力的培养是团队建设的关键。团队成员需要具备在复杂工程环境中协调合作的能力，这包括理解并尊重其他成员的专业领域、沟通清晰、解决问题的能力等。培养这些能力需要系统的培训和实际操作，例如定期的团队协作培训、模拟项目操作等。

再次，团队成员之间的合作默契对于工程管理至关重要。合作默契体现在对项目的共同理解、任务分工的高效合理、紧急情况下的协同配合等方面。定期的团队建设活动，如团队拓展培训、集体讨论等，可以提高团队成员之间的默契度，增强工作的协同性。

最后，团队建设应该是一个长期而系统的过程。随着项目的推进和成员的变动，团队建设需要不断调整和优化。管理者可以通过定期的团队评估，收集团队成员的反馈，及时发现并解决问题，确保团队一直保持在一个高效运转的状态。

第二节　预测与评估施工风险

一、风险预测方法与工具

（一）模拟与仿真技术

在水利水电工程的风险预测中，模拟与仿真技术发挥着重要的作用。这些技术通过模拟不同的风险场景，帮助工程管理者更好地了解潜在风险并制定相应的预防和控制策略。

1. 系统动力学模型

首先，系统动力学模型的建立是水利水电工程管理的重要手段。对水电工程中各个因素的分析、建模，我们可以更好地理解这些因素之间的相互关系。这不仅包括了工程内部的各个组成部分，还包括外部环境因素，如气候、地质等。这一系统性的分析有助于全面、深入地理解工程运行的本质。

其次，系统动力学模型能够揭示各因素之间的相互影响。工程中的各种因素，如资源利用、人力管理、技术应用等，都相互关联。通过建立系统动力学模型，我们可以量化这些关系，深入探究它们之间的相互作用机制。这有助于预测一个变量的变化对其他变量的影响，从而更好地应对潜在的风险。

再次，系统动力学模型是分析工程在不同条件下运行情况的有效工具。水利水电工程面临着多变的自然环境和工程运营条件，而系统动力学模型可以在不同的输入条件下进行模拟，预测工程的运行情况。这为制定科学的管理策略、提前预防问题发生提供了有力的支持。

最后，系统动力学模型为风险防范提供科学依据。通过模拟各种可能的场景，我们可以识别潜在的风险，并制定相应的应对策略。这种预测型的管理方式有助于提前发现问题，降低工程风险。

2. 三维仿真技术

首先，三维仿真技术在水利水电工程中具有巨大的专业性和学术价值。这项技术的核心优势在于其能够提供高度逼真的虚拟场景，使得工程管理者和决策者能够在虚拟环境中体验和观察工程的各个方面。这为工程的全面分析和评估提供了先进的工具。

其次，三维仿真技术为工程管理者提供了直观的观察和分析手段。复杂的水利水电工程涉及众多因素，包括地形、水文、结构等多个方面。通过三维仿真，管理者可以在虚拟环境中观察工程的细节，深入了解各个因素的相互影响。这种直观的观察方式有助于发现可能存在的问题和潜在的风险。

再次，三维仿真技术通过模拟不同风险情境，为工程提供全面的风险评估。通过在虚拟环境中模拟各种可能的事件，如洪水、地质灾害等，管理者可以直接观察工程在这些情境下的表现。这有助于提前预测潜在的风险点，制定相应的风险应对策略。

最后，三维仿真技术为工程决策提供了科学依据。工程的复杂性常常使得决策变得困难，而通过三维仿真技术，管理者可以更全面、客观地了解工程的状况。这为制定合理的决策、调整工程方案提供了科学的依据。

（二）数据分析与统计方法

数据分析与统计方法是风险预测中的经典工具，通过对历史数据的分析，我们可以揭示出在特定条件下可能出现的风险，为施工阶段的决策提供有力的数据支持。

1.故障树分析

首先，故障树分析作为一种系统性的风险评估方法，在工程领域具有深刻的专业性和学术价值。这一分析方法不仅能够系统地识别系统中可能出现的故障事件，还能够通过量化概率和影响，为工程提供科学的风险评估。

其次，故障树分析通过构建故障树图，清晰展示了系统中各种可能的故障路径。这有助于工程管理者和决策者直观地了解系统的脆弱环节，找出可能导致故障的各种因素。通过对这些因素的深入分析，我们可以更好地制定相应的风险管理策略。

再次，故障树分析对各种故障事件的概率和影响进行量化，为风险评估提供了定量的依据。这种定量的评估方法有助于管理者更准确地了解不同故障事件的可能性和对工程的影响程度，从而更有针对性地制定风险应对措施。

最后，故障树分析在风险管理和安全决策中具有实际应用的价值。通过深入挖掘系统的潜在故障路径，管理者可以有针对性地提出改进建议，优化工程设计，减少可能的故障发生。这有助于提高工程的安全性和可靠性。

2.Monte Carlo 模拟

首先，Monte Carlo 模拟作为一种基于概率统计的高级数学方法，为工程管理领域提供了全新的风险评估手段。通过模拟大量可能的随机事件，该方法能够更真实地反映工程风险的多样性和不确定性，使管理者能够更全面地理解可能出现的各种风险场景。

其次，Monte Carlo 模拟通过随机抽样的方式，模拟不同的风险因素和场景，从而建立了更为真实的风险分布模型。这有助于管理者深入了解不同风险事件的发生概率，量化风险的程度，并为制定相应的风险管理策略提供科学依据。

再次，Monte Carlo 模拟方法在评估工程风险时，能够综合考虑多个因素的相互作用。这包括工程中的各种变量和参数，如材料性质、施工进度、天气条件等。通过对这些因素进行随机模拟，管理者能够更准确地评估工程面临的全局风险。

最后，Monte Carlo 模拟不仅提供了风险概率的评估，还能够通过模拟多次实验，得到不同情境下的结果，为工程决策提供多方面的信息。这使得管理者可以更好地制定应对策略，降低工程风险对项目的不良影响。

二、施工风险评估的关键指标与流程

（一）风险概率与影响程度

在施工风险评估中，风险概率和影响程度是两个关键的指标，它们直接影响到风险的严重性和应对策略的制定。

1. 风险概率

首先，风险概率在工程管理中扮演着关键的角色，是评估和应对潜在风险的基础。风险概率即某一特定风险事件发生的可能性，其评估需要综合考虑多个因素，包括历史数据、专业经验、模型分析等。

其次，对于高概率的风险事件，我们需要加强监测并采取相应的应对措施。这意味着在项目规划和实施的各个阶段，管理团队应当时刻关注潜在的高概率风险，并制订相应的计划以减轻其可能的影响。

再次，风险概率的评估需要建立在充分的数据和信息基础上。对过往项目的经验教训、相关行业的统计数据及专家意见的整合，我们可以更准确地估计风险事件的发生概率，为项目管理提供科学依据。

最后，风险概率的评估过程需要不断迭代和更新。随着项目的进行，新的信息和数据可能不断涌现，因此管理团队应保持灵活性，及时更新风险概率的评估，以确保风险管理策略的及时性和有效性。

2. 影响程度

首先，影响程度在风险管理中是一项至关重要的评估指标，直接关系到工程所面临风险的严重性。影响程度不仅仅体现在经济层面，还包括了对工程进度、安全性和环境等多个方面的综合考量。

其次，经济损失是影响程度的一个重要方面。在评估风险事件的影响程度时，我们需要全面考虑可能导致的经济损失，包括直接成本、维修费用、设备损坏等因素，以便更准确地评估工程所面临的财务风险。

再次，对工程进度的影响同样需要被重视。工程进度是项目成功的一个关键因素，因此评估风险事件对进度的潜在影响是非常重要的。可能的延误和调整可能会导致工程整体计划的变化，从而影响到项目的交付时间。

最后，综合考虑对安全性和环境的影响。现代社会，对安全和环境的关注越来越高，因此在评估风险事件的影响程度时，我们需要综合考虑潜在的安全隐患和对环境的潜在破坏。这有助于确保工程的可持续性和社会责任。

（二）风险评估流程

风险评估是施工管理中的一项关键工作，通过建立完善的风险评估流程，我们可以有效地降低施工风险的发生概率和影响程度。

1.识别阶段

首先，识别阶段是风险管理中的关键步骤，其目的是通过深入了解工程的各个方面，确定潜在的风险因素。在这个阶段，工程管理团队需要集结专业知识和经验，从多个维度对可能的风险进行全面而系统的考察。

其次，天气因素是识别阶段的一个重要考虑方面。天气条件对于水利水电工程等室外工程至关重要。极端的天气事件，如暴雨、大风、台风等，可能对工程造成严重影响。因此，在识别阶段，我们需要详细考虑当地的气象条件，分析潜在的天气风险。

再次，地质因素也是风险识别的重要内容。地质状况直接关系到工程基础的稳定性，可能引发地质灾害，如滑坡、地裂等。通过地质勘探，我们可以更好地了解地下结构，识别潜在的地质风险。

第四，人力和物资的考虑也至关重要。人力因素包括工程团队的素质、培训水平等，而物资则包括原材料的供应、设备的可靠性等。在识别阶段，我们需要考虑这两个方面的风险，以确保工程的顺利进行。

最后，综合以上考虑，工程管理团队可以建立起全面的风险识别框架。这个框架不仅能够帮助团队在工程前期全面了解可能的风险，还为后续的风险评估和应对措施提供了有力支持。

2.分析阶段

首先，在分析阶段，专业团队将风险因素进行深入剖析，通过模拟、数据分析等手段，全面评估风险的概率和影响程度。这一过程需要团队成员充分发挥各自的专业优势，确保评估的科学性和准确性。

其次，模拟是分析阶段的关键工具之一。通过建立模型，模拟各种可能的风险场景，团队可以更好地理解风险事件的概率和可能带来的后果。模拟可以包括三维仿真技术，这使得工程团队能够直观地观察工程在不同条件下的表现。

再次，数据分析是评估风险概率的重要手段。利用历史数据、统计分析等方法，团队可以对各种风险事件发生的可能性进行量化。这有助于提高风险评估的准确性，使团队能够更有针对性地应对潜在风险。

第四，评估风险的影响程度同样至关重要。影响程度的评估需要综合考虑经济、工程进度、安全性、环境等多个方面的因素。通过建立全面的评估体系，团队可以更好地理解风险事件对工程的全局影响。

最后，分析阶段需要团队成员的协同合作。专业领域的专家需要共同参与，共同讨论，确保每个方面都得到充分考虑。团队协同工作有助于避免片面性，保证评估的全面性和科学性。

3. 评估阶段

首先，在评估阶段，团队需要综合考虑风险概率和影响程度，通过量化和定性的手段对各个风险因素进行排序。这涉及对风险的全面认知，既包括可能性的评估，也包括影响的评估，以便更全面地了解风险的性质和程度。

其次，风险的排序是评估阶段的核心内容。团队需要确定哪些风险是需要优先关注和应对的。这不仅需要依赖专业知识和经验，还需要运用先进的评估工具和方法。通过对各项风险因素的综合权衡，团队可以确定应对措施的紧急性和优先级。

再次，评估阶段是资源合理分配的基础。通过清晰地了解每个风险的重要性和可能性，团队能够更好地规划资源，有针对性地应对潜在风险。这不仅包括人力、物力的分配，也包括时间和预算的规划。

复次，评估阶段的结果需要得到团队和相关方的认可。这包括对评估方法和数据的透明沟通，确保每个利益相关者都理解评估结果的依据和意义。透明的沟通有助于建立信任，使得团队能够更好地推动后续风险管理工作。

最后，评估阶段的成果将为制定风险应对策略提供指导。团队可以根据评估的结果确定具体的风险应对计划，包括制定应急预案、调整工程计划等。评估阶段的结果直接影响后续的风险管理实施。

4. 控制阶段

首先，在控制阶段，团队需要采取一系列的控制措施来应对已经识别和评估的风险。这包括但不限于对施工现场的实时监测、加强对关键参数的控制等方面的举措。通过及时的控制，团队能够更好地应对潜在风险，减小其发生的可能性。

其次，优化设计是控制阶段的重要环节。团队需要仔细审查工程设计，确保其充分考虑了已经识别的风险因素。有时候，我们可能需要对设计进行调整，采用更为安全可靠的方案，以降低工程所面临的风险。

再次，提高管理水平是控制阶段的关键任务。管理层需要通过加强对施工过程的监督、优化资源的配置、改进工作流程等手段，提高整体工程管理水平。

高效的管理能力有助于及时发现和解决潜在问题，从而降低工程风险。

复次，在控制阶段，团队需要建立应急响应机制。针对已经发生的风险，团队需要有清晰的、有序的应急响应计划。这包括预设的事件处理流程、相关人员的职责分工等，以确保在紧急情况下能够迅速有效地应对。

最后，控制阶段需要持续地监测和调整。风险状况可能随着工程的进行而发生变化，因此团队需要实时监测风险指标，随时调整应对策略。这也包括对之前采取的措施的效果进行评估，以便不断优化控制策略。

第三节　安全管理与新技术应用

一、安全管理的基本原则与体系

（一）安全文化建设

1.安全文化的定义与重要性

首先，在组织中，安全文化的定义涵盖了整个成员群体对安全的共同认知。这意味着不仅仅是管理层，而是所有参与水利水电工程的人员都应该具有相同的理解，认识到安全不仅是一项规定，更是一种文化，是组织长期发展和员工福祉的基石。

其次，安全文化体现为共同的价值观。这包括对员工生命安全、工程设备的保护、环境保护等方面的共同价值认同。通过共享的价值观，组织成员能够更好地在实际工作中遵循安全标准，形成对安全的自觉约束。

再次，安全文化强调共同的行为准则，不仅是在规章制度中规定的行为，更是在组织内部形成的一种行为规范。这包括在工程现场的实际操作、应对紧急情况的应急措施等方面，所有人员都应该遵循相同的标准，形成一种共同的行为文化。

最后，安全文化在水利水电工程中的重要性凸显无遗。水利水电工程通常涉及大量的设备、人员和环境，一旦发生事故，可能带来巨大的损失。通过建立良好的安全文化，我们可以有效地降低事故的发生概率，最大程度地保护参与工程的人员和工程设施的安全。

2.安全文化的构建与强化

首先，在安全文化的构建与强化中，培训与教育是至关重要的一环。通过定期的培训和教育活动，工程人员可以接受系统的安全理念和操作规程。这不仅仅包括基础的安全知识，还应该覆盖工程特有的风险和应对策略。培训的频率和内容应该根据工程的实际情况和变化进行调整，确保员工时刻保持对安全问题的关注和了解。

其次，沟通与参与是安全文化建设的关键环节。鼓励开放的沟通渠道，使工程参与者能够随时提出安全问题和建议，这有助于形成一种共同关注安全的氛围。通过员工的积极参与，我们可以更好地发现并解决潜在的安全隐患，增加工程的安全性。

最后，在奖励与惩罚机制的建立方面，设立奖励机制能够激励员工遵守安全规定，形成积极的安全文化。同时，建立合理的惩罚机制以应对违反安全规定的行为，起到警示作用，维护安全纪律的严肃性。奖惩机制应该明确公正，确保员工对其公正性的认可，从而形成对安全规定的自觉遵守。

（二）安全管理体系

1.制度规范

首先，制度规范在安全管理中的重要性不可忽视。制度规范作为安全管理的基础，承载着对工程参与者行为的明确要求。这种明确性不仅有助于降低误解和主观判断带来的风险，还能够在规章制度的约束下，推动工程参与者更加自觉地遵循安全标准。

其次，包括安全政策、规章制度和操作规程的完备制度规范，能够全面涵盖施工过程的方方面面。安全政策为整个工程提供了总体的方向和目标，规章制度具体明确了各个层面的安全要求，操作规程则对实际的施工活动进行细致而具体的规范。这样的层层设防，确保了每个环节都受到了严格的安全控制。

再次，制度规范不仅规范了工程参与者的行为，也为安全管理提供了标杆和依据。在制度规范的指引下，我们可以更加清晰地评估工程参与者的行为是否符合标准，从而更好地进行安全管理和监督。

最后，制度规范应该是一个灵活而持续更新的系统。随着工程的推进和技术的发展，制度规范需要及时进行调整和完善，以适应不断变化的施工环境和风险因素。

2.安全培训

首先，系统的安全培训是确保水利水电工程参与者安全操作的基石。通过系统培训，每一位从业者都能够深入了解工程的安全操作流程，明确紧急处理方法，并学习各类安全设备的正确使用。这为工程参与者提供了必要的安全知识和技能，使其能够在施工现场正确、迅速地应对各种潜在危险。

其次，全员参与是安全培训的核心原则。安全意识应贯穿于工程管理的始终。因此，不仅仅是工程管理层，每一位参与工程的人员都应参与到安全培训中来。通过全员参与，我们可以形成一种共同的安全文化，使每个人都对安全负有责任，并在实际工作中不断强化和应用所学的安全知识。

再次，定期更新安全培训内容是确保其实效的关键。安全标准和技术要求可能随着时间的推移而发生变化。因此，安全培训应该定期更新，以适应新的安全标准和技术要求。通过及时的培训更新，我们可以确保工程参与者掌握最新的安全知识，提高应对新型安全风险的能力。

最后，安全培训是一个系统工程，需要综合考虑各个环节。除了基础的操作技能培训外，还应包括应急处理、团队协作等方面的内容，以确保参与者在各种情况下都能够正确、迅速地做出反应。

3.事故应急处理

首先，事故应急处理机制的建立是保障水利水电工程顺利进行的关键。通过建立完善的事故应急处理机制，工程管理者可以在最短的时间内作出决策，采取有效的措施，从而最大限度地减少事故对工程的不良影响。

其次，事故报告是应急处理机制的第一环。在发生事故后，迅速准确地报告事故的发生情况对于制定应急方案至关重要。这需要建立起一套畅通而高效的报告体系，确保信息的及时传递。

再次，应急演练是事故应急处理机制的重要组成部分。通过定期的应急演练，工程参与者能够更好地了解应急程序和流程，提高应对紧急情况的能力。这种实战演练有助于人员在事发时能够冷静应对，提高应急处理的效率。

最后，紧急疏散预案的制定是应急处理机制的重要一环。在发生事故时，快速而有序的疏散对于减少人员伤亡和财产损失至关重要。因此，制定清晰的疏散预案，包括疏散路线、集合点、紧急通信等，是应急处理机制的必备内容。

二、新技术在安全管理中的应用与效果

（一）智能监测系统

智能监测系统基于传感器、数据分析等技术，实现对施工现场的实时监测。传感器可用于检测工程结构的变化、设备状态等，通过数据分析，系统能够提前发现潜在的安全隐患。

1.实时监测

智能监测系统作为水利水电工程安全管理的重要组成部分，通过使用传感器和数据分析技术，实现对施工现场的实时监测。这一系统在水利水电工程中发挥了关键作用，主要体现在以下几个方面：

第一，智能监测系统通过布置在工程结构和设备上的各类传感器，可以实时获取大量数据。比如，借助位移传感器，监测工程结构的微小变化，包括振动、位移等参数。温度传感器用于检测施工现场的温度变化，而压力传感器可以检测关键部位的压力情况。这些传感器提供了丰富的实时数据，为工程状态的全面把握提供了坚实的基础。

第二，通过对传感器数据的实时监测和分析，智能监测系统能够感知工程结构的变化。例如，在大坝工程中，如果存在结构位移异常，系统可以立即检测到，并通过数据报警系统发出警报。这种实时感知能力有助于在最早的阶段发现潜在问题，为采取紧急措施争取时间。

第三，实时监测的优势在于及时发现并解决问题，降低了事故风险。通过检测关键参数，比如工程结构的振动和变形，系统可以分析这些数据并判断是否存在潜在的危险。一旦检测到异常，系统可以自动触发报警，提醒相关人员及时采取措施，从而降低了事故发生的概率。

2.预警机制

第一，智能监测系统可通过预设的预警参数，对施工现场进行全面监控。这些参数包括结构的最大振动幅度、设备的工作温度范围、材料的承受压力等。一旦监测到这些参数超过事先设定的阈值，系统将立即发出警报，启动预警机制。

第二，预警机制的核心在于实时响应。系统可以通过自动化程序实时通知相关人员，包括工程管理人员、安全人员等。这种实时的响应能力，使得我们在事故发生之前就能够采取必要的措施，最大限度地保障了工程的安全性。

第三，通过预警机制，工程团队可以实施预防性维护措施。一旦系统发出预警，相关人员可以立即进行现场检查和维修，防止潜在问题进一步恶化。这种主动性的维护方式，有助于延长工程设施的寿命，减少维护成本。

在智能监测系统的支持下，水利水电工程的施工安全得到了全面提升。通过实时监测和预警机制，工程团队能够更加迅速、准确地应对潜在的安全隐患，确保施工过程的安全可控。

（二）虚拟现实（VR）与增强现实（AR）技术

利用虚拟现实与增强现实技术进行安全培训。通过模拟场景，工人可以在虚拟环境中体验各种安全风险，并学习正确的安全操作方式。

1.直观体验

虚拟现实和增强现实技术为水利水电工程提供了一种革命性的安全培训方式。通过这些技术，工人可以直观地体验各种潜在的危险情况，极大地提高了其对安全风险的认识。

（1）虚拟场景的模拟

首先，虚拟场景模拟技术以计算机图形学、传感器技术、人机交互等为基础。通过头戴式显示器、手柄控制器等设备，工人可以沉浸式地置身于模拟的水利水电工程场景中。这些场景的建模涵盖了工程的各个方面，包括土木结构、水文条件、气象变化等，为工人提供了更为真实的体验。

其次，在虚拟水坝建设环境中，工人能够感受到不同气象条件下水坝结构的变化。例如，系统可以模拟暴雨天气下水位的迅速上升，以及在冰雪覆盖下水坝的结冰情况。这种模拟不仅帮助工人更好地理解水坝在极端天气事件下的响应，还提高了他们对潜在危险的认识。

再次，虚拟场景模拟技术可以模拟各种极端天气事件对工程的影响。通过改变模拟环境的参数，工人可以体验到飓风、地震、洪水等自然灾害对水坝结构的影响。这种模拟有助于工人了解不同灾害条件下工程的脆弱性，提前做好相应的应急预案。

最后，虚拟场景模拟在水利水电工程中有助于提升工人的安全意识。通过沉浸式的体验，工人能够感受到极端情境下的紧急性和危险性，从而更加深刻地理解工程安全的重要性。这样的直观体验不仅提高了工人对潜在危险的敏感度，也使得他们更容易理解安全操作规程，并在实际工作中做到心中有数。

（2）互动性的学习体验

VR和AR技术还具有互动性，工人可以在虚拟场景中执行各种任务和操作。通过亲身参与，工人能够更深刻地体验工程施工中的安全操作。例如，在虚拟现实中进行水坝巡视，工人可以模拟检查坝体表面的裂缝、观察泄水闸的运行情况等，这样的互动学习使工人更容易记忆和掌握正确的安全操作流程。

2.实战演练

首先，VR和AR技术的互动性学习体验基于先进的计算机图形学、感知技术及人机交互技术。通过头戴式显示器、手柄控制器等设备，工人能够在虚拟或增强的环境中进行任务执行和操作模拟。这种互动性学习体验为工人提供了更为直观、实际的工程体验。

其次，在虚拟现实中进行水坝巡视是一种突出的互动性学习体验。工人可以通过虚拟现实设备进入水坝建设的模拟场景，模拟检查坝体表面的裂缝、观察泄水闸的运行情况等。这样的模拟使工人能够亲身体验到水坝结构的细节，加深对水坝安全巡视的理解。

再次，VR 和 AR 技术的互动性学习体验可以在任务执行中得到应用。例如，在虚拟场景中，工人可以模拟进行紧急维修操作，如修补裂缝、调整泄水闸的参数等。通过亲身参与这些操作，工人能够更深刻地理解在实际工程中面对紧急情况时应该如何迅速而准确地做出反应。这种实际操作体验有助于工人掌握紧急情况下的正确反应步骤，提高应对突发事件的能力。

复次，互动性学习体验有助于提高工人对安全操作流程的记忆和掌握。通过实际执行操作而非被动接收信息，工人更容易将所学到的知识内化，并在实际工程中灵活应用。这种实际体验与学习相结合的方式有助于培养工人的操作技能，使其在真实工作场景中更加熟练、自信。

最后，通过互动性学习体验，工人能够更迅速地适应各种工程操作场景，提高在复杂环境中的工作效率。这种实际效果不仅体现在操作技能的提升上，还表现在工人对安全操作流程的深入理解和实际运用上。工人在虚拟环境中进行反复练习，可以减少实际操作中的失误，确保在危险情况下能够快速而准确地采取正确措施，保障自身和他人的安全。

3. 效果与未来展望

首先，虚拟现实与增强现实技术在水利水电工程安全培训中的应用效果显著。通过虚拟环境中的实际操作模拟和互动学习体验，工人更容易理解复杂的工程操作流程，提高了其在紧急情况下的应变能力。实时数据分析和智能决策支持系统的引入，使得工人能够更全面地了解工程状态，预测潜在危险，进而提高了工程的安全性。

其次，虚拟现实与增强现实技术的应用显著增强了工人的安全意识。通过沉浸式的虚拟场景模拟，工人更深刻地体验到工程操作中可能遇到的危险情境，从而增强了他们对潜在危险的敏感性。这种提升的安全意识有效降低了事故发生的风险，减小了对工程造成的损失。

再次，虚拟现实与增强现实技术在水利水电工程中安全培训的应用有望成为未来安全管理的标配。随着技术的不断进步，虚拟环境的模拟效果将变得更加真实、逼真，互动性学习体验将更为丰富。未来，这些技术将不仅仅局限于头戴式显示器，可能会扩展至更多的设备，如智能眼镜、手持设备等，这使得培训更加便捷。

复次，虚拟现实与增强现实技术的未来发展将为工人提供更全面、直观、实用的安全培训。通过模拟不同工作场景，工人可以学到更多实际操作经验，提高技能水平。同时，虚拟环境中的实时数据分析和决策支持系统的进一步优化，将使工人更加深入地了解工程的运行状态，及时采取措施，从而最大程度地降低事故的发生概率。

最后，虚拟现实与增强现实技术在水利水电工程安全培训中的未来发展将受益于技术创新与升级。随着硬件和软件技术的不断改进，虚拟环境的模拟效果将更加逼真，设备的性能将更强大。同时，与人工智能的结合将为培训提供更为智能化的解决方案，使得培训更具针对性和个性化。

（三）人工智能在安全管理中的应用

应用人工智能技术，例如机器学习算法，对历史安全数据进行分析，识别潜在的施工风险。系统还能提供智能化的安全决策支持。

1. 智能监测系统的引入

首先，随着现代科技的不断进步，人工智能技术的快速发展推动了水利水电施工安全管理领域的创新。智能监测系统作为一种新型的安全管理手段，基于先进的传感器技术、大数据分析和机器学习算法，为水利水电工程提供了更加全面和实时的安全监测。传感器的应用不仅局限于简单的参数检测，还包括对工程结构的变化和设备状态的精准监测。这为实时感知施工现场状态提供了先进的技术手段。

其次，在智能监测系统的框架下，数据分析是其关键组成部分。通过对大量施工现场的数据进行深入分析，系统能够识别出潜在的安全隐患，并提前预警。这种数据驱动的方法不仅提高了对异常情况的敏感度，还为管理人员提供了决策支持的重要信息。系统不仅能够在事故发生前察觉问题，而且通过机器学习算法，不断优化预测模型，使得系统的预警机制更加精准和可靠。

再次，实时监测的优势在于能够及时发现施工现场的异常情况。通过智能监测系统，管理人员可以远程监控施工现场，无需亲临现场，大大提高了管理效率。系统可以实时反馈各种安全参数，包括工程结构的变化、设备状态等，这使得管理人员能够对施工过程有更加深入的了解。与传统的手动巡视相比，这种实时监测不仅更加方便，而且能够在第一时间做出响应，减小事故发生的可能性。

最后，为了更好地适应水利水电施工的复杂环境，智能监测系统可设定多样化的预警机制。一旦检测到异常，系统能够通过先进的通信技术立即发出预警信号。这为安全管理提供了更加迅速的响应机制，使得管理人员能够在最短的时间内采取相应措施，保障施工现场的安全。智能监测系统的应用使水利水电工程在施工过程中更加灵活、精准地进行安全管理，为整个工程的可持续发展提供了坚实的技术支持。

2. 人工智能在施工风险评估中的角色

首先，人工智能技术在水利水电施工领域中的角色日益凸显，尤其在施工风险评估方面发挥着关键作用。通过引入机器学习算法，系统能够对历史安全数据进行深入分析，识别出潜在的施工风险，为管理团队提供科学、全面的评估依据。相较于传统的手动评估方法，人工智能在施工风险评估中展现出更高的准确性和效率。

其次，数据分析是人工智能在施工风险评估中的关键步骤。对大量历史安全数据的深度挖掘，系统能够识别出与潜在风险相关的模式和规律。这种深度学习的方式使得系统能够更全面地了解可能存在的风险，并在未来的施工中进行实时监测。机器学习算法的运用提高了风险评估的预测性，为水利水电施工提供了更为灵活和智能的安全管理手段。

再次，通过人工智能技术，施工风险的评估不仅关注风险本身，还能够对风险的概率和影响程度进行明确判定。系统能够根据历史数据中的风险发生概率和对施工的影响程度，为管理团队提供量化的参考。这种科学的评估方法使得管理人员能够更有针对性地制定应对策略，有效降低潜在风险的发生概率，提高施工的整体安全性。

最后，人工智能在施工风险评估中的角色不仅在于提供准确的风险识别，更在于为管理团队制定科学决策提供支持。通过机器学习算法的运用，系统能够不断优化自身的预测模型，适应不同施工环境的需求。智能化的风险评估系统成为管理决策的得力助手，为水利水电施工提供了更为可靠和智能的安全保障。

3. 人工智能在事故应急处理中的支持

水利水电工程作为基础设施建设的重要组成部分，其安全管理与事故应急处理显得尤为关键。近年来，人工智能技术的迅速发展为水利水电工程提供了新的解决方案，其通过建立智能化的安全管理体系，实时分析数据，提供智能决策支持等手段，为事故应急处理提供了全面支持。

（1）智能安全管理体系的构建

首先，人工智能技术在水利水电工程中的应用主要体现在智能安全管理体系的构建上。通过引入传感器、监控设备及先进的数据采集技术，系统能够实时获取工程中各种参数数据，包括水位、水压、结构变形等。这些数据构成了一个庞大的实时监测网络，为事故应急处理提供了丰富的信息基础。

其次，智能安全管理体系能够通过人工智能算法对实时数据进行分析。通过深度学习等技术，系统能够识别异常情况，提前发现潜在的安全隐患。例如，对于大坝结构的变形，系统能够在变形达到一定程度之前就发出预警，为决策者提供更早的干预时机。

（2）实时数据分析的辅助决策

人工智能技术通过实时数据分析为决策者提供更全面的信息，帮助他们更好地了解事故的性质和严重程度。在事故发生时，系统能够自动分析事故相关数据，并将分析结果呈现给决策者。这些结果可以包括事故的起因、可能的发展趋势、受影响的范围等信息，为决策者提供科学依据。

（3）智能决策支持系统

人工智能技术还能够提供智能决策支持系统。对实时数据和历史经验的综合分析，系统能够为决策者推荐最佳的应急处理方案。这一过程基于大量的数据和算法，能够更准确地预测事故的发展趋势，并提供相应的对策。例如，在水位急剧上升的情况下，系统可以推荐采取何种措施来降低水位，减小可能的灾害影响。

（4）人工智能在事故应急处理中的价值

人工智能在事故应急处理中的应用为水利水电工程管理者提供了更迅速、科学的决策手段，从而最大程度地减小事故对工程造成的损失。通过引入人工智能技术，工程管理者可以更好地了解工程运行状态，及时发现潜在风险，采取有效措施。同时，智能决策支持系统的运用也使得应急处理更加规范，减少了决策的主观性，提高了决策的科学性和准确性。

（四）无人机技术在巡检与监测中的应用

无人机技术可以实现对工程施工现场的快速巡检和监测。通过搭载摄像头等设备，无人机能够获取高空、远距离的施工场景数据。在水利工程建设中，测量是基础性的环节之一，测量数据的准确性，直接关系着工程后续开展。而在水利工程实际建设的过程中，由于建设环境复杂，测量难度大，因此，为了保证数据的准确性，我们就对测量技术提出了更高的要求。如果仍然采用传统的测量手段进行测量，则很难发挥出测量的真正作用，因此，我们必须引进先进的技术手段，对于测量工作进行优化。而将无人机航空摄影测量技术应用到水利工程的建设中，能够全面提升测量工作的效率，获取的数据也更加全面和准确，能够为水利工程的建设奠定良好的基础。

1. 无人机航空摄影测量技术概述

（1）无人机航空摄影测量技术简介

无人机航空摄影测量技术是随着科技发展而崭露头角的一项新兴技术，其工作原理涵盖了对特定区域内地形条件、坐标等相关信息的采集。这些数据首先被录入计算机系统中，随后通过专用的制图软件用于生成详细的地形图，同时我们还可以在地形图上标注所需的各种数据信息。这项技术不仅能够实现单面测量，还具备强大的三维测量能力，在实际应用中表现出显著的优势。

无人机空中摄影测量系统主要分为硬件和软件两个部分。硬件部分包括无人机上搭载的系统和地面监控系统。软件部分则涉及无人机航道设计、对航空中拍摄的照片进行检查、无人机的远程监控及数据处理等方面。在整个系统中，各个部分相互协调、密切配合，方能充分发挥无人机航空摄影测量技术的优势。

新兴技术的引入为无人机航空摄影测量系统的性能提升提供了可能。与传统技术结合，新兴技术能够提供更为清晰的图像，更好地满足各个领域的需求。无人机航空摄影测量系统示意如图 8-1 所示。

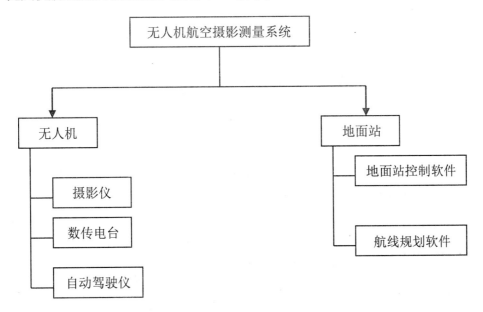

图 8-1　无人机航空摄影测量系统示意

（2）无人机航空摄影测量技术的特点

在应用无人机航空摄影测量技术进行测量的过程中，我们一般还会与GPS技术结合起来，无人机本身灵活性比较强，不会受到地形因素的干扰，再加上GPS技术的合理运用，我们能够进行更为精准的数据采集，提升测量工作的效率，对于水利工程而言，这还能够起到控制成本的作用。在传统的测量工作中，我们一般会应用到卫星遥感技术，但是其与灵活性更强的无人机航空摄影测量技术相比，测量的周期过长，因此，也很难保证数据的时效性，这也给后续工作的开展造成了一定程度的不良影响。而利用无人机航空摄影测量技术进行测量，我们能够在较短的时间内完成数据采集，能够有效提升测量的效率，缩短测量时间，并且不受地形等因素的干扰，因此，在水利工程的建设中，无人机航空摄影测量技术也越来越受到青睐。

2.无人机航空摄影测量技术在水利工程中的应用优势

（1）操作灵活，测量便捷

无人机的操作灵活性和测量便捷性相较传统测量手段表现出显著优势。其小体积和轻量化设计使其能够搭载摄像机，轻松完成对目标区域的测量。相比传统设备，无人机操控简便，操作人员能够迅速上手，完成各类任务。此外，无人机的灵活性使其能够在飞行状态下进行垂直升降，无需专门场地和额外设备支持。

在飞行过程中，通过航空摄影获取的影像信息可以实时传输至地面系统，技术人员可以实时查看。如果发现影像问题或需要重新测量，技术人员可以通过指令控制无人机以多个角度进行测量，直至达到高质量的测量结果。由于无人机体积较小，实际应用中其对能源的消耗相对较低，这使其在各类应用场景中都具备较强的优势。

（2）环境适应能力比较强

无人机在水利工程中展现出较强的环境适应能力。水利工程的建设环境通常较为复杂，特别是在山区等地，环境复杂性更为突出，同时伴随一定的危险因素。传统的人工测量容易受到环境复杂性和危险因素的影响，可能导致测量数据的偏差，存在安全隐患，不利于保障人员的生命安全。

利用无人机航空摄影测量技术能够很好地克服这些困扰。无人机具备适应复杂环境的能力，能够按照地面系统下达的指令，在预定线路上完成飞行和测量任务。在飞行过程中，无人机能够灵活应对中途可能遇到的阻碍物，进行躲避操作，从而更加准确且安全地完成测量任务。这显著降低了测量人员的工作压力，同时有助于提高工作效率，更好地保障了人员的安全。

（3）数据准确，效率更高

为确保水利工程的有序进行，测量数据的准确性至关重要。在水利工程中应用无人机航空摄影测量技术，通过搭载高清相机，获取精度更高的影像资料，从而高质量地完成测量任务，满足水利工程对准确数据的需求。在短距离的航空测试中，无人机航空摄影测量技术不仅能够进行摄影测量，还能够在飞行过程中实时传输测量信息和获取的影像资料到地面系统。

一方面，高清相机搭载在无人机上，为水利工程提供了更为精准的影像资料，有助于更准确地了解工程区域的地质地形情况。另一方面，通过实时传输到地面系统并利用计算机进行处理，无人机航空摄影测量技术能够在短时间内获取所需的相关数据和信息。这为工程人员提供了科学、合理的设计基础，也为后续的施工提供了良好的支持。

（4）与 GPS 结合，灵活性强

首先，无人机航空摄影测量技术在水利工程建设中通过搭载先进的 GPS 技术，实现了对高程点的高效采集。这一技术组合提供了更为准确和高效的测量手段，使得水利工程的设计和施工能够基于精确的地形数据展开。无人机的灵活性和 GPS 的高精度相结合，为水利工程的测绘工作提供了强有力的支持。

其次，通过将无人机航空摄影测量技术应用于水利工程，实现了数字化地形区的直观展示。这使得工程人员能够更直观地了解工程区域的地势地貌特征，有助于科学合理地规划和设计工程。同时，数字化展示也提供了更为直观的数据呈现方式，便于工程人员在决策和设计过程中更好地理解和分析地形情况。

最后，无人机航空摄影测量技术在水利工程测量中的广泛应用，有效地节约了成本。由于无人机具备操控系统灵活性强的优势，它可以在不受地域限制的情况下进行测量，从而更为灵活地适应复杂的水利工程环境。这种高度灵活性不仅提高了测量的效率，而且减少了测量过程中可能发生的误差，为水利工程提供了更加可靠的地形数据支持。通过应用无人机航空摄影测量技术，水利工程能够在提高数据精确性的同时，更好地满足设计和施工的实际需求。

3.无人机航空摄影测量技术在水利工程中的应用

（1）布置外业像控点

首先，外业像控点的布置中常见的方式是通过区域网进行布设，这需要结合水利工程建设的实际需求来确定具体位置和需要测量的区域。尤其对于一些重要的外业像控点，需要给予更高的关注，将其作为无人机航空摄影测量的重点内容。这些外业像控点可以根据实际测量需求有序连接起来，形成无人机需要飞越的航线。在航线设计过程中，工作人员需注意避免航线重复，以提高航空摄影测量的效率，确保无人机在短时间内完成测量任务。由于水利工程涉及的地形条件复杂，为保证无人机获取清晰影像和精确数据，我们应合理设计无人机的各项参数，确保航空摄影测量工作有序进行。

其次，布置外业像控点时，我们需考虑水利工程的实际位置和测量区域，规划无人机的航行路线。特别是对于关键的外业像控点，需要给予更多关注，作为无人机航空摄影测量的关键步骤。通过有序连接外业像控点，形成合力的航线，有助于提高测量效率，确保无人机在较短时间内完成测量任务。此外，由于水利工程地形复杂，我们需要合理设计无人机的参数，以确保获取清晰影像和精确数据，保障航空摄影测量工作的顺利进行。

最后，航线设计时要避免航线的重复，以提高航空摄影测量的效率。工作人员需要合理规划航线，确保无人机能够覆盖需要测量的区域，同时要考虑到地形条件的变化，灵活调整航线，以应对复杂的水利工程环境。在保证测量数据准确性的前提下，通过优化航线设计，我们可以有效降低测量成本和提高工作效率。

（2）航空摄影

虽然无人机在测量工作中对地形条件的要求较小，能够有效完成测量任务，但恶劣的天气状况可能会在一定程度上影响无人机的测量效果。为了最大程度降低天气对无人机的影响，在完成设计工作后，我们需要进行合理的准备工作，并尽量选择天气较好的时段进行测量，以确保测量数据的准确性。在无人机航空摄影测量中，为了更准确、全面地获取水利工程的相关信息，航线的设置可以考虑一定的重叠度，在后期处理时去除重叠的部分，以提高测量结果的准确性。在无人机执行航空摄影测量任务时，我们可以按照预设航线进行飞行，同时根据实际需求对飞行参数进行适当调整，以获取更完整的测量数据。

（3）像控测量

有效控制水利工程建设区域的成图范围，无人机航空摄影测量技术在这方面发挥着重要的作用。工作人员需要结合水利工程的建设需求和无人机航空摄影测量技术的应用需求，对象控点进行有效布控，以提升测量的质量。基于无人机获取的数据和影像，我们对水利工程建设情况进行全面分析，明确建设范围和中心点位置。像控点的布设应结合实际需求确定，通常不少于二十个，特别是在拐角或顶点位置更需要重点测量。完成这些工作后，结合无人机航空摄影测量技术进行测量。需要注意的是，由于无人机航空摄影测量技术通常与GPS 技术结合使用，因此，像控点的布设还需要满足 GPS 技术的需求。在布控像控点时，我们应确保高程位置的准确性，将接收设备设置在视野良好的位置，以保证 GPS 技术的应用效果，并避免外界因素对接收设备的干扰。通过规范化和标准化的像控测量，我们可以获得更高质量的影像信息，为后续水利工程设计与施工工作提供准确信息，推动后续工作高效进行。

（4）数据采集

在水利工程测量过程中，数据采集是至关重要的一环。通过精准采集测量数据，我们能够更全面、准确地反映水利工程建设区域的实际情况。由于水利工程建设对数据准确性要求高，采用无人机航空摄影测量技术成为保障工程效率和质量的重要手段。通过该技术获取的数据和影像信息可上传至计算机，利用计算机中的立体图像模型软件进行绘制，深入分析水利工程建设区域各要素，提高实际测量的实效性，推动水利工程建设工作有序进行。此外，在实际工作中，工作人员应做好标注工作，将各个地形要素有效结合，全面掌握地形条件，为后续的设计和建设工作提供有力支持。

（5）调绘工作

在水利工程建设中，调绘工作也是一个至关重要的环节。通常，综合判读调绘是一种常见的方式。在这种方式下，工作人员首先结合室内判读的情况，以此为基础进行调绘工作，对水利工程建设区域的实际情况进行详细分析。另外，在进行调绘工作时，由于可能受到外界因素，如植被状况的影响，为提高数据的准确性，工作人员需要结合实际需求对植被覆盖较为严重的位置进行清理，并适当加密测点。

（6）精度评估

在水利工程中应用无人机航空摄影测量技术获取的数据在处理后需要进行精度评估，以确保满足水利工程测量的要求。精度评估的两种主要类型如下：

首先是模型精度评估，这涉及将获取的数据信息与模型中的三维坐标进行对比，确认数据信息是否与模型中的信息一致。通常情况下，精度可能存在一定的误差，但如果误差控制在可接受的范围内，数据仍然有效；反之，如果误差过大，则数据无法使用。

其次是成果精度评估，通常采用一定比例的成图精度作为标准，进行人工抽检和审核。不符合精度要求的数据将被筛选出来，以提高数据的实用性，避免对后续工作造成不利影响。这种评估方式有助于确保数据的质量和准确性。

参考文献

[1] 张冰，李欣，万欣欣. 从数字孪生到数字工程建模仿真迈入新时代 [J]. 系统仿真学报，2019，31（3）：369-376.

[2] 蒋亚东，石焱文. 数字孪生技术在水利工程运行管理中的应用 [J]. 科技通报，2019，35（11）：5-9.

[3] 陶飞，刘蔚然，刘检华，等. 数字孪生及其应用探索 [J]. 计算机集成制造系统，2018，24（1）：4-21.

[4] 吴浩云，黄志兴. 以智慧太湖支撑水利补短板强监管的思考 [J]. 水利信息化，2019，149（2）：5-10.

[5] 陈亮雄，杨静学，李兴汉，等. 基于无人机与3S技术的鹤地水库水政监管系统开发与应用 [J]. 长江科学院院报，2020，266（12）：180-186.

[6] 汪贵平，杜晶晶，宋京，等. 基于梯度倒数的无人机遥感图像融合滤波方法 [J]. 科学技术与工程，2018，18（31）：195-199.

[7] 付萧，郭加伟，刘秀菊，等. 无人机高分辨率遥感影像地震滑坡信息提取方法 [J]. 地震研究，2018，41（2）：32-37.

[8] 庞治国，雷添杰，曲伟，等. 基于无人机载激光雷达的库区高精度DEM生成 [J]. 电子测量技术，2018，41（9）：80-83.

[9] 张保亮. 无人机航测技术在水利工程测绘中的应用 [J]. 建筑技术开发，2021，48（2）：53-55.

[10] 卡米力江·阿布力米提. 无人机航空摄影测量技术在水利工程测量中的运用 [J]. 河北水利，2020（2）：44-45.

[11] 何辉. 无人机航空摄影测量技术在水利工程中的运用思考 [J]. 工程建设与设计，2020（2）：259-260.

[12] 王启龙. 无人机倾斜摄影测量技术在水利工程中BIM建模的应用 [J]. 水利技术监督，2020（4）：61-63.

[13] 程琦. 无人机技术在水利工程高边坡危岩调查中的应用 [J]. 水利科学与寒区工程，2020，3（4）：98-100.

[14] 孙超. 无人机航测技术在水利工程测绘中的应用探讨 [J]. 中国房地产业，

2020（26）：225-226.

[15] 石战杰．无人机航拍在建筑与环境摄影中的应用：以浙江"五水共治"水利工程航拍项目为例[J]．摄影与摄像，2020（1）：1-5.

[16] 李孝成．无动力（自然能）水泵技术在农业灌溉提水项目中的应用[J]．水利科技，2018（4）：49-50.

[17] 秦玉涛．水利水电工程施工企业会计核算中收入和成本的确认和计量[J]．中国集体经济，2019（26）：119-120.

[18] 沈瑜．水利水电工程施工企业会计核算中收入和成本的确认和计量[J]．当代经济，2017（19）：114-115.

[19] 陈力芬．关于水利水电企业财务内控问题的思考[J]．中国市场，2015（28）：133，148.

[20] 宋建华．小型农田水利工程建设管理的探讨[J]．建材与装饰：上旬，2019（6）：144-145.

[21] 赵建芬．小型农田水利工程建设管理探讨[J]．农业科技与信息，2018（1）：124-125.

[22] 秦国庆，杜宝瑞，刘天军，等．农民分化、规则变迁与小型农田水利集体治理参与度[J]．中国农村经济，2019（3）：111-127.

[23] 王蕾，杨晓卉，姜明栋．社会网络关系嵌入视角下农户参与小型农田水利设施供给意愿研究[J]．农村经济，2019（1）：111-117.

[24] 张振华．农田水利工程中高效节水灌溉工程的发展策略[J]．工程建设与设计，2020（4）：126-127.

[25] 郑宁，梅传贵，陈翔，等．基于集群管理模式的江港堤防水利工程综合管理平台的建设[J]．水利技术监督，2022（2）：59-63.

[26] 卢建华，刘晓琳，张玉炳，等．基于数字孪生的水库大坝安全管理云服务平台研发与应用[J]．水利水电快报，2022，43（1）：81-86.

[27] 张绿原，胡露骞，沈启航，等．水利工程数字孪生技术研究与探索[J]．中国农村水利水电，2021（11）：58-62.

[28] 戴晟，赵罡，于勇，等．数字化产品定义发展趋势：从样机到孪生[J]．计算机辅助设计与图形学学报，2018，30（8）：1554-1562.